U0311289

《中等职业院校机电类专业规划教材》
编委会

主　任　李玉洪　卢立海

副主任　刘桂全　徐光奎　郑世军

成　员　王康元　刘　建　刘继斌　胡顺平　辛　宇

　　　　任成霞　李玉洪　卢立海　刘桂全　徐光奎

　　　　郑世军　王成江　柳俊林　钱风琦　马连华

　　　　刘金梅　闫锡广

《电工技能实训教程》编写人员

主　　编　张萍萍　王成江

主　　审　沈培锋

副主编　郑　健　高鉴渗　夏昌玉　李长军

参编人员　刘真真　王　敏　郝春雪　高相兰　张晓冬

　　　　　李　磊　赵　亮　闫　昊　徐廷爱　周柄旭

　　　　　吕慎英

中等职业院校机电类专业规划教材

电工技能

实训教程

张萍萍　王成江　主编

沈培锋　主审

DIANGONG JINENG

SHIXUN JIAOCHENG

化学工业出版社

·北京·

本书是国家中等职业教育改革发展示范学校机电类专业系列教材之一，遵循工学结合的教学理念，吸取当前机电类专业教学改革研究和实践的成功经验，并联合多家生产企业及行业组织，结合行业对人才的实际需求编写而成。

本书内容采用项目任务的教学模式，根据任务驱动和案例教学的思路与方法，用九大项目详细介绍了电工技能操作实训，包括安全用电常识、钳工基本操作技能、电工常用工具与仪表的使用、室内线路的安装、照明线路的故障检修、配电与计量、接地装置的安装与维护、常用电子元器件的识别与检测、电子电路的安装与调试等内容，用任务来驱动读者动脑解决实际问题。

本书可用作职业院校、技工学校机电类专业的教材，也适合电工技能的初学者学习使用。

图书在版编目（CIP）数据

电工技能实训教程/张萍萍，王成江主编 . —北京：化学
工业出版社，2015.7
中等职业院校机电类专业规划教材
ISBN 978-7-122-23776-7

Ⅰ．①电… Ⅱ．①张…②王… Ⅲ．①电工技术-中等专
业学校-教材 Ⅳ．①TM

中国版本图书馆CIP数据核字（2015）第084479号

责任编辑：李军亮　　　　　　　　　　　文字编辑：陈　喆
责任校对：边　涛　　　　　　　　　　　装帧设计：史利平

出版发行：化学工业出版社（北京市东城区青年湖南街13号　邮政编码100011）
印　　刷：北京永鑫印刷有限责任公司
装　　订：三河市宇新装订厂
787mm×1092mm　1/16　印张16½　字数404千字　2015年7月北京第1版第1次印刷

购书咨询：010-64518888（传真：010-64519686）　　售后服务：010-64518899
网　　址：http://www.cip.com.cn
凡购买本书，如有缺损质量问题，本社销售中心负责调换。

定　　价：46.00元
版权所有　违者必究

前言

Preface

本书是国家中等职业教育改革发展示范学校机电类专业系列教材之一，主要介绍了电工技能操作实训。本书编写工作的目标主要体现在以下几个方面。

一、内容全面

本书编写过程中，邀请了企业以及行业的专家参与，并结合机电类专业相关工作岗位的实际需求，合理确定知识结构，内容全面，将常用的电工基本技能一一进行介绍。

二、重点突出

书中每个项目一开始都有明确的学习目标，重点内容突出，与前面的提问相呼应，做到"有的放矢"，加深读者对知识点的理解和记忆，并配有技能训练，便于读者进行巩固与提高。

三、形式新颖

书中较多地利用图片将知识点直观地展示出来，将抽象的理论知识形象化、生动化，使阅读变得更加轻松。编写中，语句简洁、通俗易懂，版面灵活，增强了阅读的趣味性。

本书内容起点低、通俗易懂，可用作职业院校及技工学校机电类专业的教材，可用40学时进行教学；也适合电工初学者及从事维修电工、机电设备维修领域的技术人员学习使用。

本书在编写中得到了临沂市电工协会、临沂市电子工业办、山东中瑞电子股份有限公司、山东博胜动力科技股份有限公司等单位和企业专家的大力指导和参与。

由于编写时间仓促，加之编者水平有限，书中难免存在不足之处，敬请广大读者批评指正，以便今后修改完善。

编　者

目录

Contents

项目一
安全用电常识

任务一　电工安全用电

知识目标

1. 掌握维修电工基本安全知识。
2. 掌握安全用电常识和安全生产知识。
3. 掌握电气消防知识。

能力目标

1. 能够培养学生安全意识、文明生产意识。
2. 能够掌握灭火器的使用。

素质目标

1. 培养学生查阅资料、自我学习的能力。
2. 培养学生独立思考的能力。
3. 培养学生解决工程问题的能力。
4. 培养学生团队合作能力。
5. 培养学生创新意识与能力。

基础知识

一、安全教育

从事电工工作必须接受安全教育，掌握电工基本的安全知识和工作范围内的安全操作规程，才能参加电工的实际操作。

1. 电工人员应具备的自身条件

①必须身体健康、精神正常。凡患有高血压、心脏病、气管喘息、神经系统疾病、色盲、听力障碍及四肢功能有严重障碍者，不能从事电工工作。

②必须通过国家正式的技能鉴定考试合格并持有电工操作证，如图1-1所示。

一级职业资格证书　　二级职业资格证书
　（高级技师）　　　　（技师）

三级职业资格证书　四级职业资格证书　五级职业资格证书

图1-1　职业资格证书和特种作业操作证

③必须学会和掌握触电急救技术。

2. 电工人身安全知识

①在进行电气设备安装和维修操作时，必须严格遵守各种安全操作规程和规定，不得玩忽职守。

②操作时要严格遵守停电操作的规定，要切实做好防止突然送电时的各项安全措施，如挂上"有人工作，不许合闸！"的警示牌，如图1-2所示，锁上闸刀或取下总电源保险器等。不准约定时间送电。

图1-2　几种常见的警示牌

③在邻近带电部分操作时，要保证有可靠的安全距离。

④操作前应仔细检查操作工具的绝缘性能，绝缘鞋、绝缘手套等安全用具的绝缘性能是否良好，有问题的应立即更换，并应定期进行检查。

⑤登高工具必须安全可靠，未经登高训练的，不准进行登高作业。

⑥如发现有人触电，要立即采取正确的抢救措施。

3. 安全用电常识

维修电工不仅本人要具备安全用电知识，还有宣传安全用电知识的义务和阻止违反安全用电行为发生的职责。安全用电知识主要内容如下。

①严禁用一线（相线）一地（大地）安装用电器具。

②在一个电源插座上不允许引接过多或功率过大的用电器具和设备。

③未掌握有关电气设备和电气线路知识及技术的人员，不可安装和拆卸电气设备及线路。

④严禁用金属丝（如铁丝）去绑扎电源线。

⑤不可用潮湿的手去接触开关、插座及具有金属外壳的电气设备，不可用湿布去擦拭电器。

⑥堆放物资、安装其他设施或搬移各种物体时，必须与带电设备或带电导体相隔一定的安全距离。

⑦严禁在电动机和各种电气设备上放置衣物，不可在电动机上坐立，不可将雨具等挂在电动机或电气设备的上方。

⑧在搬移电焊机、鼓风机、电风扇、洗衣机、电视机、电炉和电钻等可移动电器时，要先切断电源，更不可拖拉电源线来搬移电器。

⑨在潮湿的环境中使用可移动电器时，必须采用额定电压为36V及其以下的低压电器。若采用额定电压为220V的电气设备时，必须使用隔离变压器。如在金属容器（如锅炉）及管道内使用移动电器，则应使用12V的低压电器，并要加接临时开关，还要有专人在该容器外监视。低电压的移动电器应装特殊型号的插头，以防误插入220V或380V的插座内。

⑩在雷雨天气，不可走近高压电杆、铁塔和避雷针的接地导线周围，以防雷电伤人。切勿走近断落在地面上的高压电线，万一进入跨步电压危险区时，要立即单脚或双脚并拢迅速跳到离开接地点10m以外的区域，切不可奔跑，以防跨步电压伤人。

4. 设备运行安全知识

①对于已经出现故障的电气设备、装置及线路，不应继续使用，以免事故扩大，必须及时进行检修。

②必须严格按照设备操作规程进行操作，接通电源时必须先闭合隔离开关，再闭合负荷开关；断开电源时，应先切断负荷开关，再切断隔离开关。

③当需要切断故障区域电源时，要尽量缩小停电范围。有分路开关的，要尽量切断故障区域的分路开关，尽量避免越级切断电源。

④电气设备一般都不能受潮，要有防止雨雪、水汽侵袭的措施。电气设备在运行时会发热，因此必须保持良好的通风条件，有的还要有防火措施。有裸露带电的设备，特别是高压电气设备要有防止小动物进入造成短路事故的措施。

⑤所有电气设备的金属外壳，都应有可靠的保护接地措施。凡有可能被雷击的电气设备，都要安装防雷设施。

5. 工厂安全用电基本知识

①不要随便乱动车间内的电气设备。自己使用的设备、工具，如果电气部分出了故障，应请电工修理。不得擅自修理，更不得带故障运行。

②自己经常接触和使用的配电箱、配电板、闸刀开关、按钮开关、插座、插销以及导线等，必须保持完好、安全，不得有破损或将带电部分裸露出来。

③各种操作电器的保护盖，在操作时必须盖好。

④电气设备的外壳应按有关安全规程进行防护性接地和接零。对接地和接零的设施要经常检查，保证连接牢固、接地和接零的导线没有任何断开的地方。

⑤移动某些非固定安装的电气设备，如电风扇、照明灯、电焊机等时，必须行切断电源再移动。

⑥使用手电钻、电砂轮等手用电动工具时，必须注意如下事故。

a. 必须安设漏电保安器，同时工具的金属外壳应进行防护性接地或接零。

b. 使用单相的手用电动工具，其导线、插销、插座必须符合单三眼的要求；使用三相的手用电动工具，其导线、插销、插座必须符合三相四孔的要求，其中一相用于保护性接零。严禁将导线直接插入插座内使用。

c. 操作时应戴好绝缘手套和站在绝缘板上。

d. 不得将工件等重物压在导线上，防止轧断导线发生触电。

⑦使用的行灯要有良好的绝缘手柄和金属护罩。灯泡的金属灯口不得外露。引线要采用有护套的双芯软线，并装有"T"型插头，避免插入高电压的插座上。一般场所，行灯的电压不得超过36V，在特别危险的场所，如锅炉、金属容器内、潮湿的地沟处等，其电压不得超过12V。

⑧一般禁止使用临时线。必须使用时，应经过技安部门批准。临时线应按有关安全规定安装好，不得随便乱拉乱拽，还应在规定时间内拆除。

⑨进行容易产生静电火灾、爆炸事故的操作时（如使用汽油洗涤零件、擦拭金属板材等）必须有良好的接地装置，及时导除聚集的静电。

二、消防知识

近年来，电气火灾次数在我国的火灾总数中比例越来越大，一直呈现增长趋势。根据火灾形成条件不同，电气火灾可分为工业用电火灾、家庭生活用电火灾，雷击火灾、静电火灾等。为了保护生命与财产的安全，如何预防电气火灾发生？一旦发生电气火灾应该如何扑救？

1. 电气火灾的成因

电气火灾发生的原因是多种多样的，如过载、短路、接触不良、电弧火花、漏电、雷电或静电等。操作者主观上的疏忽大意、不遵守有关防火法规，违反操作规程等也是导致电气火灾的重要因素。电气火灾常见原因及具体情况见表1-1。

表1-1　电气火灾常见原因及具体情况举例

常见原因	具体情况举例
设备或线路发生短路故障	熔断器安装、接线疏忽引起的相间短路
	熔断器安装环境潮湿
	绝缘受损或线路对地电容增大，产生泄漏电流
过负荷或不平衡引起电气设备过热	熔断器过载引起电气设备过热
	线路实际载流量超过设计载流量，熔断器过载短路
	大量的单相设备三相负载不平衡，造成设备烧毁

续表

常见原因	具体情况举例
接触不良或断线引起过热	如接头连接不牢或不紧密、动触点压力过小等使接触电阻过大,在接触部位发生过热
	因装设马虎、受风雨侵袭或某些机械原因使中性线中断
	非线性负荷(微波炉、电子镇流器等)零线电流超过额定电流
	中性线断裂,且绝缘受损,引起单相设备烧坏,产生电气火灾
通风散热不良	大功率设备缺少通风散热设施或通风散热设施损坏,造成过热
电器使用不当	电炉、电烙铁等未按操作规程要求使用,或用后忘记断开电源
电火花和电弧	有些电气设备就产生电火花、电弧,如大容量开关、接触器触点的分、合操作,都会产生电弧和电火花
静电积累	随着静电电荷不断积聚而形成很高的高位,在一定条件下,则对金属物或地放电,产生有足够能量的强烈火花

2. 电气火灾的消防

(1)灭火的基本原理

由燃烧所必须具备的几个基本条件可知,灭火就是破坏燃烧条件使燃烧反应终止的过程。其基本原理归纳为以下四个方面:冷却、窒息、隔离和化学抑制。

①冷却灭火。对一般可燃火灾,将可燃物冷却到其燃点或闪点以下,燃烧反应就会终止。水的灭火机理主要是冷却作用。

②窒息灭火。通过降低燃烧物周围的氧气浓度可以起到灭火作用。通常使用的二氧化碳、氮气、水蒸气等灭火机理主要是靠窒息来灭火。

③隔离灭火。火灾中,关闭有关阀门,切断流向着火区的可燃气体和液体通道;打开有关阀门,使已经发生燃烧的容器或受到火势威胁的容器中的液体可燃物通过管道导至安全区域,都是隔离灭火的措施。

④化学抑制灭火。就是使用灭火剂与链式反应的中间体自由基反应,从而使燃烧的链式反应中断使燃烧不能持续进行。常用的干粉灭火器、卤代烷灭火剂的主要灭火机理就是化学抑制作用。

(2)常用灭火器材

各种场合根据灭火需要,必须配置相应种类、数量的消防器材、设备、设施,如消防桶、消防梯、安全钩、沙箱(池)、消防水池(缸)、消防栓和灭火器。灭火器是一种可由人力移动的轻便灭火器具。能在其内部压力作用下将所充装的灭火剂喷出,用来扑灭火灾,属于常规灭火器材。灭火器的分类见表1-2。

表1-2 灭火器的分类

分类方法	种类
按其移动方式分	手提式灭火器
	推车式灭火器
按驱动灭火剂的动力来源分	储气瓶式灭火器
	储压式灭火器
	化学反应式灭火器

续表

分类方法	种类
按所充装的灭火剂分	泡沫灭火器
	干粉灭火器
	二氧化碳灭火器
	清水灭火器
	卤代烷灭火器

（3）发生电气火灾的处理方法

①电气设备发生火灾，首先要立刻切断电源，然后进行灭火，并立即拨打119火警电话报警。扑救电气火灾时应注意触电危险，要及时切断电源，通知电力部门派人到现场指导和监护扑救工作。

②正确选择使用电气灭火器，在扑救尚未确定断电的电气火灾或者无法切断电源时，应选择适当的灭火器和灭火装置。应立即采取带电灭火的方法，如选用二氧化碳、四氯化碳、1211、干粉灭火剂等不导电的灭火剂灭火，如图1-3所示。灭火器和人体与10kV及以下的导电体要保持0.7m以上的安全距离。灭火中要同时确保安全和防止火势蔓延。

图1-3　二氧化碳和干粉灭火器

③带电灭火时，应使用喷雾水枪，同时要穿绝缘鞋，戴绝缘手套，水枪喷嘴应可靠接地。

④灭火人员应站在上风位置进行灭火，当发现有毒烟雾时，应马上戴上防毒面罩。凡是工厂转动设备和电气设备或器件着火，不准使用泡沫灭火器和沙土灭火。

⑤若火灾发生在夜间，应准备足够的照明和消防用电。

⑥室内着火时不要急于打开门窗，以防止空气流通而加大火势。只有做好充分的灭火准备后，才可有选择地打开门窗。

⑦当灭火人员身上着火时，灭火人员可就地打滚或撕脱衣服；不能用灭火器直接向灭火人员身上喷射，而应使用湿麻袋、石棉布或湿棉被将灭火人员覆盖。

三、常用安全标志

在公共场所经常有各种安全标志，我们应该了解这些标志的意义，在发生室内火灾时，应根据安全标志的提示，及时疏散群众，使其脱离火灾现场，常用安全标志见表1-3。

表1-3　常用安全标志

名称及图形符号	设置范围和地点	名称及图形符号	设置范围和地点
注意安全	本标准警告标志中没有规定的易造成人员伤害的场所及设备等	避险处	铁路桥、公路桥、矿井及隧道内躲避危险的地点

续表

名称及图形符号	设置范围和地点	名称及图形符号	设置范围和地点
禁止穿带钉鞋	有静电火花会导致灾害或有触电危险的作业场所，如有易燃易爆气体或粉尘的车间及带电作业场所	禁止戴手套	戴手套易造成手部伤害的作业地点，如旋转的机械加工设备附近
禁止启动	暂停使用的设备附近，如设备检修、更换零件等	禁止合闸	设备或线路检修时，相应开关附近
禁止攀登 高压危险	不允许攀爬的危险地点，如有坍塌危险的建筑物、构筑物、设备旁	禁止靠近	不允许靠近的危险区域，如高压实验区、高压线、输变电设备的附近
禁止抛物	抛物易伤人的地点，如高处作业现场、深沟等	禁止穿化纤服装	有静电火花会导致灾害或炽热物质的作业场所，如冶炼、焊接及有易燃易爆物质的场所等
配电重地 闲人莫进	不允许靠近的危险区域配电设备的附近	当心绊倒	地面有障碍物，绊倒易造成伤害的地点
当心滑跌	地面有易造成伤害的滑跌地点，如地面有油、冰、水等物质及滑坡处	当心扎脚	易造成脚部伤害的作业地点，如铸造车间、木工车间、施工工地及有尖角散料等处
当心电缆	在暴露的电缆或地面有电缆处施工的地点	当心爆炸	易发生爆炸危险的场所，如易燃易爆物质的生产、储运、使用或有受压容器等的地点

续表

名称及图形符号	设置范围和地点	名称及图形符号	设置范围和地点
 当心火灾	易发生火灾的危险场所，如可燃物质的生产、储运、使用等地点	 当心机械伤人	易发生机械卷人、轧压碾压剪切等机械伤害的作业地点
 必须穿防护鞋	易伤害脚部的作业场所，如具有腐蚀、灼烫、触电等危险的作业地点	 必须戴防护手套	易伤害手部的作业场所，如具有腐蚀、污染、灼烫、冰冻及触电危险作业等地点
 必须系安全带	易发生坠落危险的作业场所，如高处建筑、修理、安装等地点	 必须戴安全帽	头部易受外力伤害的作业场所，如矿山、建筑工地、伐木场、造船厂及起重吊装处等

技能实训

一、实训目标

正确使用灭火器材。

二、实训器具材料

火场及模拟火场、二氧化碳灭火器、干粉灭火器、泡沫灭火器。

三、实训内容与步骤

1.二氧化碳灭火器灭火操作步骤

二氧化碳灭火器利用其内部充装的液态二氧化碳的蒸气压降使二氧化碳喷出灭火。由于二氧化碳灭火剂具有灭火不留痕迹，并有一定的电绝缘性能等特点，可扑救600V以下的带电电器、贵重设备、图书资料、仪器仪表等场所的初起的火灾，以及一般可燃液体的火灾，不能扑救钾、钠、镁、铝等物质的火灾。二氧化碳灭火器的操作如图1-4所示。

操作步骤如下。

①用右手压住压把。

②左手提着灭火器到火灾现场。

③除掉铅封，拉出插销。

④站在距火源5m的地方，左手拿着喇叭筒，右手用力压下压把。对没有喷射软管的二

氧化碳灭火器，应把喇叭筒往上扳70°～90°。

⑤对着火焰根部喷射，并不断推前，直至把火焰扑灭。

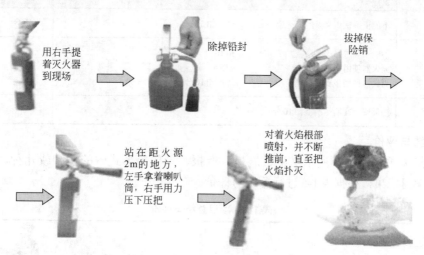

用右手提着灭火器到现场 → 除掉铅封 → 拔掉保险销 →

站在距火源2m的地方，左手拿着喇叭筒，右手用力压下压把 → 对着火焰根部喷射，并不断推前，直至把火焰扑灭

图1-4 二氧化碳灭火器灭火

2. 干粉灭火器灭火操作步骤

干粉灭火器以液态二氧化碳或以氮气作动力，将灭火器内干粉灭火剂喷出进行灭火。它适应于扑灭石油及其制品、可燃液体、可燃气体、可燃固体物质的初起火灾等。干粉灭火器的操作如图1-5所示。

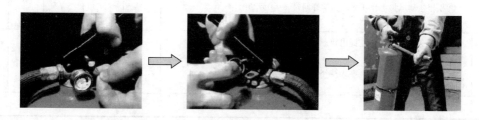

图1-5 用干粉灭火器灭火

操作步骤如下。

①右手握住压把，左手托着底部，轻轻地取下灭火器。

②左手提着灭火器到火灾现场，在距燃烧物5m左右，放下灭火器。

③使用的干粉灭火器若是外挂式储气瓶的，应一手紧握喷枪，另一手提起储气瓶上的开启提环。如果储气瓶的开启是手轮式的，则按逆时针方向旋开，并旋到最高位置，随即提起灭火器。

④当干粉喷出后，迅速对着火焰根部喷射，并不断推前，直至把火焰扑灭。

四、考核与评价

1. 任务考核

任务考核见表1-4。

表1-4　任务考核

项目	评分标准		配分	得分
认识灭火器	不能正确认识常见的灭火器	每次扣5分	40分	
灭火器使用	不能正确选择灭火器 灭火器使用不熟练 灭火器使用步骤不正确	扣10分 扣5分 每次扣10分	60分	
安全文明生产	违反安全文明生产倒扣10分			

2. 总结与评价

以小组为单位，选择演示文稿、展板、海报、录像等形式中的一种或几种，向全班展示、汇报学习成果，根据表1-5进行总结与评价。

表1-5　项目总结与评价

班级：_____
小组：_____
姓名：_____

指导教师：_____
日期：_____

评价项目	评价标准	评价依据	评价方式			权重	得分小计
			学生自评 20%	小组互评 30%	教师评价 50%		
职业素养	①遵守企业规章制度、劳动纪律 ②按时按质完成工作任务 ③积极主动承担工作任务，勤学好问 ④人身安全与设备安全	①出勤 ②工作态度 ③劳动纪律 ④团队协作精神				0.6	
创新能力	①在任务完成过程中能提出自己的有一定见解的方案 ②在教学或生产管理上提出建议，具有创新性	①方案的可行性及意义 ②建议的可行性				0.4	
合计							

任务二　触电急救

知识目标

1. 了解触电伤害和触电方式。
2. 理解防止人身触电技术措施。
3. 掌握触电急救知识和方法。

能力目标

1. 能够培养学生安全意识、文明生产意识。
2. 学会触电急救技能。

素质目标

1. 培养学生查阅资料、自我学习的能力。
2. 培养学生独立思考的能力。
3. 培养学生解决工程问题的能力。
4. 培养学生团队合作能力。
5. 培养学生创新意识与能力。

基础知识

一、触电伤害

1. 触电

触电是指电流流过人体时对人体产生的生理和病理伤害。触电除了造成人员的肢体伤害外，甚至可以造成死亡的重大事故。

2. 电流对人体的危害

电流对人体的危害与通过人体的电流强度、持续时间、电压、频率、人体电阻、通过人体的途径以及人体的健康状况等因素相关，而且各种因素之间有着十分密切的联系。

当电流流经人体时，会产生不同程度的刺痛和麻木，并伴随不自觉的皮肤收缩。肌肉收缩时，胸肌、膈肌和声门肌的强烈收缩会阻碍呼吸，而使触电者死亡。电流通过中枢神经系统的呼吸控制中心可使呼吸停止。电流通过心脏造成心脏功能紊乱，会使触电者因大脑缺氧而迅速死亡。

（1）电流强度对人体的影响

通过人体的电流越大，人体的生理反应越明显，感觉越强烈，从而引起心室颤动所需的时间越短，致命的危险就越大。不同电流强度对人体的影响见表1-6。

表1-6 不同电流强度对人体的影响

电流强度/mA	电流对人体的影响	
	交流电（50Hz）	直流电
0.6～1.5	开始感觉手指麻刺	无感觉
2～3	手指强烈麻刺、颤抖	无感觉
5～7	手部痉挛	热感
8～10	手部剧痛，勉强可以摆脱电源	热感增多
20～25	手迅速麻痹，不能自立，呼吸困难	手部轻微痉挛
50～80	呼吸麻痹，心室开始颤动	手部痉挛，呼吸困难
90～100	呼吸麻痹，心室经3s及以上颤动即发生麻痹，停止跳动	呼吸麻痹

根据电流通过人体所引起的感觉和反应不同可将电流分为以下三种。

①感知电流。引起人的感觉最小电流称为感知电流。实验资料表明，对于不同的人，感知电流也不相同，成年男性平均感知电流约为1.1mA，成年女性约为0.7mA。

②摆脱电流。人触电以后能自主摆脱电源的最大电流称为摆脱电流。实验资料表明，对于不同的人，摆脱电流也不相同：成年男性的平均摆脱电流约为16mA；成年女性平均摆脱电流约为10.5mA。成年男性最小摆脱电流约为9mA；成年女性的最小摆脱电流约为6mA。最小摆脱电流是按99.5％的概率考虑的。

③致命电流。在较短时间内危及生命的最小电流称为致命电流。在电流不超过数百毫安的情况下，电击致死的主要原因是电流引起的心室颤动或窒息造成的。因此，可以认为引起心室颤动的电流即为致命电流。

（2）电流通过人体的持续时间对人体的影响

随着电流通过人体时间的延长，由于人体发热出汗和电流对人体的电解作用，使人体电阻逐渐降低，在电源电压一定的情况下，会使电流增大，对人体组织的破坏更加厉害，后果更为严重；另一方面，人的心脏每收缩扩张一次，中间约有0.1s的间隙，在这0.1s过程中，心脏对电流最敏感，若电流在这一瞬间通过心脏，即使电流很小（只有几十毫安），也会引起心脏颤动。因此，通电时间越长，重合这段时间的可能性越大，危险性就越大。

（3）作用于人体的电压对人体的影响

当人体电阻一定时，作用于人体的电压越高，则通过人体的电流越大。实际上，通过人体的电流强度，并不与作用在人体的电压成正比。这是因为随着人体电压的升高，人体电阻急剧下降，致使电流迅速增加，而对人体的危害更为严重。

当220～1000V工频电压（50Hz）作用于人体时，通过人体的电流可同时影响心脏和呼吸中枢，引起呼吸中枢麻痹，使呼吸和心脏跳动停止。更高的电压还可能引起心肌纤维透明性变，甚至引起心肌纤维断裂和凝固性变。

（4）电源频率对人体的影响

常用的50～60Hz工频交流电对人体的伤害最为严重，频率偏离工频越远，交流电对人体伤害越轻。在直流和高频情况下，人体可以耐受更大的电流值，但高压高频电流对人体依然是十分危险的，各种电源频率下的死亡率见表1-7。

表1-7 各种电源频率下的死亡率

频率/Hz	10	50	60	80	100	120	200	500	1000
死亡率/%	21	95	91	43	34	31	22	14	11

（5）人体电阻的影响

人体触电时，流过人体的电流（当接触电压一定时）由人体的电阻值决定。人体电阻越小，流过人体的电流越大，也就越危险。

人体电阻主要包括人体内部电阻和皮肤电阻，而人体内部电阻是固定不变的，并与接触电压和外界条件无关，约为500Ω。皮肤电阻一般指手和脚的表面电阻，它随皮肤表面干湿程度及接触电压而变化。

不同类型的人，皮肤电阻差异很大，因而使人体电阻差别很大。一般认为，人体电阻在1000～2000Ω。

影响人体电阻的因素很多，除皮肤厚薄的影响外，皮肤潮湿、多汗、有损伤或带有导电性粉尘等，都会降低人体电阻；接触面积加大、接触压力增加也会降低人体电阻。不同条件下的人体电阻见表1-8。

表1-8 不同条件下的人体电阻

接触电压/V	人体电阻值/Ω			
	皮肤干燥	皮肤潮湿	皮肤湿润	皮肤浸入水中
10	7000	3500	1200	600
25	5000	2500	1000	500
50	4000	2000	875	440
100	3000	1500	770	375
250	1500	1000	650	325

（6）电流通过不同途径的影响

电流通过人体的头部会使人立即昏迷，甚至醒不过来而死亡；电流通过脊髓，会使人半截肢体瘫痪；电流通过中枢神经或有关部位，会引起中枢神经系统强烈失调而导致死亡；电流通过心脏会引起心室颤动，致使心脏停止跳动，造成死亡。因此，电流通过心脏呼吸系统和中枢神经时，危险性最大。实践证明，从左手到脚是最危险的电流途径，因为在这种情况下，心脏直接处在电路内，电流通过心脏、肺部、脊髓等重要器官；从右手到脚的途径其危险性较小，但一般也容易引起剧烈痉挛而摔倒，导致电流通过全身或摔伤。

（7）人体健康状况的影响

试验和分析表明电击危害与人体状况有关。女性对电流较男性敏感，女性的感知电流和摆脱电流均约为男性的三分之二；儿童对于电流较成人敏感；体重小的人对于电流较体重大的人敏感；人体患有心脏病等疾病时遭受电击时的危险性较大，而健壮的人遭受电击的危险性较小。

3. 电流对人体伤害的种类

电流对人体伤害主要分为电击和电伤两种，其主要特征与危害见表1-9。

表1-9 电击和电伤的特征与危害

名称		特征	说明与危害
电击		常会给人体留下较明显的特征，包括电标、电纹、电流斑。电标是在电流出入口处所产生的革状或炭化标记；电纹是电流通过皮肤表面，在其出入口间产生的树枝状不规则发红线条；电流斑则是指电流在皮肤表面出入口处所产生的大小溃疡	电击是触电事故中最危险的一种。例如致使人体产生痉挛、刺痛、灼热感、昏迷、心室颤动或停跳、呼吸困难、心跳停止等现象
电伤	电灼伤	误操作或过分接近高压带电体时，产生电弧放电出现的高温电弧造成的灼伤	高温电弧会把皮肤烧伤，致使皮肤发红、起泡或烧焦和组织破坏；电弧还会使眼睛受到严重伤害
	电烙印	由电流的化学效应和机械效应引起，通常在人体与带电体有良好接触的情况下发生。电烙印有时在触电后并不立即出现，而是相隔一段时间后才出现	皮肤表面将留下与被接触带电体形状相似的肿块痕迹。电烙印一般不会发炎或化脓，但往往造成局部麻木和失去知觉
	皮肤金属化	由于极高的电弧温度使周围的金属熔化飞溅到皮肤表层，使皮肤变得粗糙坚硬，其色泽与金属种类有关	金属化后的皮肤经过一段时间后会自行脱落，一般不会留下不良后果

①电击。人体触电后由于电流通过人体的各部位而造成的内部器官在生理上的变化，如呼吸中枢麻痹、肌肉痉挛、心室颤动、呼吸停止等。

②电伤。当人体触电时，电流对人体外部造成的伤害，称为电伤，如电灼伤、电烙印、皮肤金属化等。

此外，发生触电事故时，常常伴随高空摔跌，或由于其他原因所造成的纯机械性创伤，这虽与触电有关，但不属于电流对人体的直接伤害。

二、触电方式

人体触电的基本方式有单相触电、两相触电、跨步电压触电、接触电压触电。此外，还有人体接近高压电和雷击触电等。常见的触电形式见表1-10。

表1-10　常见的触电形式

触电形式	触电情况	危险程度	图　　示
单相触电（变压器低压侧中性点接地）	电流从一根相线经过电气设备、人体再经大地流到中性点。此时加在人体上的电压是相电压	若绝缘良好，一般不会发生触电危险；若绝缘被破坏或绝缘很差，就会发生触电事故	(a) 中性点直接接地
单相触电（变压器低压侧中性点不接地）	在1000V以下，人触到任何一相带电体时，电流经电气设备，通过人体到另外两根相线的对地绝缘电阻和分布电容而形成回路。在6～10kV高压中性点不接地系统中，电压高，所以触电电流大	触电电流大，几乎是致命的，加上电弧灼伤，情况更为严重	(b) 中性点不直接接地
两相触电	电流从一相导体通过人体流入另一相导体，构成一个闭合回路	由于在电流回路中只有人体电阻，所以两相触电非常危险。触电者即使穿着绝缘鞋或站在绝缘台上也起不到保护作用	L1 L2 L3

续表

触电形式	触电情况	危险程度	图　示
跨步电压触电	当电气设备发生接地故障，接地电流通过接地体向大地流散，在地面上形成电位分布时，若人在接地短路点周围行走，其两脚之间的电位差，就是跨步电压，由跨步电压引起的入体触时，称为跨步电压触电	电场强度随离断线落地点距离的增加而减小。距离线点1m范围内，约有60%的电压降；距断线点2～10m范围内，约有24%的电压降；距断线点11～20m范围内，约有8%的电压降	
接触电压触电	电气设备由于绝缘损坏或其他原因造成接地故障时，如果人体两个部分（手和脚）同时接触具有不同电压的两点（设备外壳和地面），人体两部分会处于不同的电位，则在人体内有电流通过，此时加在人体两点之间的电压差称为接触电压		U_{XL}—相电压；R_o—变压器中性点接地电阻；U_j—作用于人体电压；R_b—电动机保护接地电阻；S—距离
感应电压触电	指当人触及带有感应电压的设备和线路时所造成的触电事故。一些不带电的线路由于大气变化（如雷电活动），会产生感应电荷，停电后一些可能感应电压的设备和线路如果未及时接地，这些设备和线路对地均存在感应电压。接触电压是指人站在发生接地短路故障设备的旁边，触及漏电设备的外壳时，其手、脚之间所承受的电压。由接触电压引起的触电称为接触电压触电		
静电触电	静电能引起爆炸、火灾和对人体的电击伤害。静电具有电压很高、能量不大、静电感应和尖端放电等特点，静电放电造成的瞬间冲击，可能对人员造成二次伤害，如高空坠落或其他机械性伤害等		

三、防止人身触电的技术措施

人身触电事故的发生，一般不外乎以下两种情况：一是人体直接触及或过分靠近电气设备的带电部分；二是人体碰触平时不带电，但因绝缘损坏而带电的金属外壳或金属构架。针对这两种人身触电情况，必须从电气设备本身采取措施以及在从事电气工作时采取妥善的保证人身安全的技术措施和组织措施。

1. 保护接地和保护接零

电气设备的保护接地和保护接零是为防止人体触及绝缘损坏的电气设备所引起的触电事故而采取的有效措施。保护接地是将电气设备的金属外壳与接地体相连接，应用于中性点不接地的三相三线制系统中。保护接零是将电气设备的金属外壳与变压器的中性线相连接，应用于中性点不接地的三相四线制系统中。保护接地和保护接零是电气安全技术中的重要内容。

2. 安全电压

（1）安全电压的定义

根据我国颁布的GB 3805—83《安全电压标准》的规定，所谓安全电压是指为了防止触电事故而采用的由特定电源供电的电压系列。这个电压系列的上限值，在正常和故障情况下，任何两导体间或任意导体与地之间均不得超过交流（50～500Hz）有效值50V。一般情况下，人体允许电流可按摆脱电流考虑。在装有防止触电速断保护装置的场合，人体允许电流可按30mA考虑。在容易发生严重二次事故的场合，应按不引起强烈反应的5mA考虑。安全电压50V的限制是根据人体允许电流30mA、人体电阻1700Ω的条件确定的。国际电工委员会规定安全电压（即接触电压限定值）为50V，并规定25V以下者不需考虑防止直接电击的安全措施。

（2）安全电压的等级及选用举例

我国安全电压额定值的等级分别为42V、36V、24V、12V、6V。安全电压选用举例见表1-11。

表1-11　安全电压选用举例

安全电压（交流有效值）/V		选用举例
额定值	空载上限值	
42	50	在有触电危险的场所使用的手提式电动工具等
36	43	在矿井、多导电粉尘等场所使用的行灯等
24	29	在金属容器内、隧道内、矿井内等工作地点狭窄、行动不便以及周围的大面积接地导体的环境中，供某些有人体可能偶然触及的带电体的设备选用
12	15	
6	8	

3. 触电保护装置

触电保护装置的作用主要是为了防止由漏电引起触电事故和防止单相触电事故，其次是为了防止由漏电引起的火灾事故以及监视或切除一相接地故障。此外，有的漏电保护器还能切除三相电动机单相运行（即缺一相运行）故障。适用于1000V以下的低压系统，凡有可能触及带电部件或在潮湿场所装有电气设备时，均应装设触电保护装置，如图1-6所示，以保障人身安全。

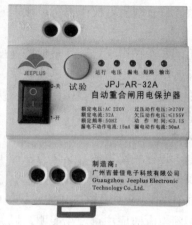

图1-6 几种漏电保护器

目前我国触电保护装置有电压型和电流型两大类，分别用于中性点不直接接地和中性点直接接地的低压供电系统中。触电保护装置在对人身安全的保护作用方面远比接地、接零保护优越，并且效果显著，已逐步得到广泛应用。

4. 保证安全的组织措施

①凡电气工作人员必须精神正常，身体无妨碍工作的病症，熟悉本职业务，并经考试合格。另外，还要学会紧急救护法，特别是触电急救。

②在电气设备上工作，应严格遵守工作票制度、操作票制度、工作许可制度、工作监护制度、工作间断、转移和终结制度。

③把好电气工程项目的设计关、施工关，合理设计，正确选型，电气设备质量应符合国家标准和有关规定，施工安装应符合规程要求。

5. 保证安全的技术措施

①在全部停电或部分停电的电气设备或线路上工作，必须完成停电、验电、装设接地线、挂标示牌和装设遮栏等技术措施。

②工作人员在进行工作时，正常活动范围与带电设备的距离应不小于表1-12的规定。

表1-12 工作人员工作中正常活动范围与带电设备的安全距离

设备电压/kV	10	10～35	60～110	220	330	500
人体与带电部分的距离/m	0.35	0.60	1.50	3.00	4.00	5.00

③电气安全用具。为了防止电气人员在工作中发生触电、电弧灼伤、高空摔跌等事故，必须使用经试验合格的电气安全工具，如绝缘棒、绝缘夹钳、绝缘挡板、绝缘手套、绝缘靴、绝缘鞋、绝缘台、绝缘垫、验电器、高压核相器、高低压型电流表等；还应使用一般防护安全工具，如携带型接地线、临时遮栏、警告牌、护目镜、安全带等。

四、触电急救知识和方法

1. 触电急救的原则

进行触电急救，应坚持迅速、就地、准确、坚持的原则。触电急救必须分秒必争，立即就地迅速用心肺复苏法进行抢救，并坚持不断地进行，同时及早与医疗部门联系，争取医务人员接替救治。在医务人员未接替救治前，不应放弃现场抢救，更不能只根据没有呼吸或脉搏擅自判定伤员死亡，放弃抢救。只有医生有权做出伤员死亡的诊断。

2. 触电急救的要点

触电急救的要点是：抢救迅速和救护得法。即用最快的速度在现场采取积极措施，保护触电者生命，减轻伤情，减少痛苦，并根据伤情需要迅速联系医疗救护等部门救治。

一旦发现有人触电后，周围人员首先应迅速拉闸断电，尽快使其脱离电源，若周围有电工人员，则应率先争分夺秒地抢救。

3. 解救触电者脱离电源的方法

触电急救的第一步是使触电者迅速脱离电源，具体方法如下。

（1）低压电源触电脱离电源的方法

①拉。附近有电源开关或插座时，应立即拉下开关或拔掉电源插头，如图1-7所示。如触电事故发生在晚上或夜间，切断电源时应注意现场照明，以免影响抢救工作顺利进行。

拉下开关　　　　拔掉电源插头

图1-7　拉下开关或拔掉电源插头

②切。若一时找不到断开电源的开关，应迅速用绝缘完好的钢丝钳或断线钳剪断电线，以断开电源。

③挑。对于由导线绝缘损坏造成的触电，急救人员可用绝缘工具、干燥的衣服、木棒、等绝缘物作工具，挑开触电者身上的电线，如图1-8所示。

图1-8　挑开触电者身上的电线

④拽。急救人员可戴上手套或在手上包缠干燥的衣服等绝缘物品拖拽触电者；也可站在干燥的木板、橡胶垫等绝缘物品上，用一只手将触电者拖拽开来。

（a）绝缘手套　　（b）绝缘靴

图1-9　绝缘手套、绝缘靴

⑤垫。如果电流通过触电者入地，并且触电者紧握导线，可设法用干木板塞到触电者身下，与地隔离。

（2）高压电源触电脱离电源的方法

拉闸，戴上绝缘手套穿上绝缘靴，如图1-9所示，拉开高压断路器。

①当触电者在电容器或电缆部位触电，应先切断电源，并且采取放电措施后，方可对触电者进行救护。

②救护人最好用一只手进行，以防自身触电，还应做好各种防护。如触电者处于高处，解脱电源后会有高处坠落的可能；即使触电者在平地，也应注意触电者倒下的方向，避免触电者头部摔伤等。

4. 伤员脱离电源后的处理

人体触电后会出现肌肉收缩，神经麻痹，呼吸中断、心跳停止等征象，表面上呈现昏迷不醒状态，此时并不是死亡，而是"假死"，如果立即急救，绝大多数的触电者是可以救活的。关键在于能否迅速使触电者脱离电源，并及时正确地施行救护。

①触电伤员如神志清醒者，应使其就地躺平，严密观察，暂时不要站立或走动。

②触电伤员如神志不清者，应就地仰面躺平，且确保气道通畅，并用5s时间，呼叫伤员或轻拍其肩部，以判定伤员是否意识丧失。禁止摇动伤员头部呼叫伤员。

③需要抢救的伤员，应立即就地坚持正确抢救，并设法联系医疗部门接替救治。

④呼吸、心跳情况的判定。

a. 触电伤员如意识丧失，应在10s内，用看、听、试的方法，判定伤员呼吸心跳情况。

看——看伤员的胸部、腹部有无起伏动作。

听——用耳贴近伤员的口鼻处，听有无呼气声音。

试——试测口鼻有无呼气的气流，再用两手指轻试一侧（左或右）喉结旁凹陷处的颈动脉有无搏动。

b. 若看、听、试结果，既无呼吸又无颈动脉搏动，可判定呼吸心跳停止。

5. 触电急救——心肺复苏法

触电伤员呼吸和心跳均停止时，应立即按心肺复苏法支持生命的三项基本措施，正确进行就地抢救。

（1）通畅气道

如发现触电者口内有异物可将其身体及头部同时侧转，迅速用一个手指或两个手指交叉从口角处插入，取出异物，操作中要防止将异物推到咽喉深部。通畅气道可采用仰头抬颌法，如图1-10所示。用一只手放在触电者前额，另一只手的手指将其下颌骨向上抬起，两手协同将头部推向后仰，舌根随之抬起，气道即可通畅。严禁用枕头或其他物品垫在触电者头下，头部抬高前倾，仰头抬颌法则会加重气道阻塞，并且使胸外按压时流向脑部的血流减少。

（2）口对口（鼻）人工呼吸（图1-11）

口对口人工呼吸法口诀：伤员仰卧平地上，解开领口松衣裳；捏紧鼻子托下颌；打开气道防阻塞；鼻孔朝天头后仰，贴嘴吹气看胸张；吹气多少看对象，大人小孩要适量；胸外按压时，操作频率要适当，定位须准确，压力要适当。

图1-10　通畅气道的方法

图1-11　口对口人工呼吸示意图

①在保持触电者气道通畅的同时，救护人用放在触电者额上的手指捏住其鼻翼，救护人深吸气后，与触电者口对口贴紧，在不漏气的情况下，先连续大口吹气两次，每次1～1.5s。如两次吹气后试测颈动脉仍无搏动，可判断为心跳已经停止，要立即同时进行胸外按压。

②除开始时大口吹气两次外，正常口对口（鼻）呼吸吹气量不需过大，以免引起胃膨胀。吹气和放松时要注意触电者胸部应有起伏的呼吸动作。吹气时如有较大阻力，可能是头部后仰不够，应及时纠正。

③触电者如牙关紧闭，可口对鼻人工呼吸。口对鼻人工呼吸吹气时，要将触电者嘴唇紧闭，防止漏气。

（3）胸外按压

正确的按压位置是保证胸外按压效果的重要前提。确定正确按压位置的步骤如下。

①右手的食指和中指沿触电者的右侧肋弓下缘向上，找到肋骨和胸骨接合处的中点。两手指并齐，中指放在切迹中点（剑突底部），食指平放在胸骨下部，另一只手的掌根紧挨食指上缘置于胸骨上，即为正确按压位置，如图1-12所示。

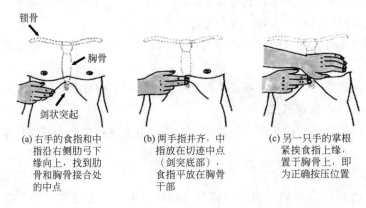

(a) 右手的食指和中指沿右侧肋弓下缘向上，找到肋骨和胸骨接合处的中点
(b) 两手指并齐，中指放在切迹中点（剑突底部），食指平放在胸骨干部
(c) 另一只手的掌根紧挨食指上缘，置于胸骨上，即为正确按压位置

图1-12　胸外按压的位置

②使触电者仰面躺在平硬的地方，救护人跪在其右侧，救护人的两肩位于触电者胸骨正上方，两臂伸直，肘关节固定不屈，两手掌根相叠，手指翘起，不接触触电者的胸壁。以髋关节为支点，利用上身的重力，垂直将正常成人胸骨压陷3～5cm（儿童和瘦弱者酌减）。压至要求程度后，立即全部放松，但放松时救护人的掌根不得离开胸壁，如图1-13所示。按压必须有效，有效的标志是按压过程中可以触及颈动脉搏动。

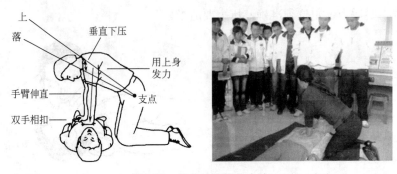

图1-13　胸外按压操作方法

（4）操作频率

胸外按压要以均匀速度进行，每分钟80次，每次按压和放松时间相等。胸外按压与口对口（鼻）人工呼吸要同时进行，单人抢救时每按压30次后吹气2次（30：2），反复进行。双人抢救时，如图1-14所示，每按压5次后由另一人吹气1次（5：1），反复进行。

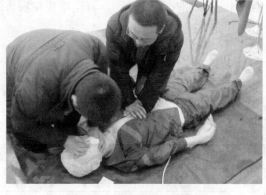

图1-14 两人施救时的操作

（5）抢救过程中的判定

①按压吹气后（相当于单人抢救时做了4个30：2压吹循环），用看、听、试方法在5～7s时间内完成对触电者呼吸和心跳是否恢复的判定。

②若判定颈动脉已有搏动但无呼吸，则暂停胸外按压，而再进行2次口对口人工呼吸，接着5s吹气1次（即每分钟12次）。如脉搏和呼吸均未恢复，则继续坚持心肺复苏法抢救。

③在抢救过程中，要每隔数分钟再判定1次，每次判定时间均不得超过5～7s。在医生未接替抢救前，现场抢救人员不得放弃现场抢救。

④心肺复苏法在现场就地坚持进行，不要为方便而随意移动触电者，如确有需要移动时，抢救中断时间不应超过30s。移动或送医院的途中应继续做心肺复苏，不得中断。

技能实训

一、实训目标

掌握心肺复苏急救技能。

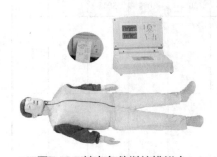

图1-15 触电急救训练模拟人

二、实训器具材料

①模拟的低压触电现场。

②各种工具（含绝缘工具和非绝缘工具）。

③体操垫1张。

④心肺复苏急救模拟人一具，如图1-15所示。

三、实训内容步骤

1.使触电者尽快脱离电源

①在模拟的低压触电现场让一学生模拟被触电的各种情况，要求学生两人一组选择正确的绝缘工具，使用安全快捷的方法使触电者脱离电源。

②将已脱离电源的触电者按急救要求放置在体操垫上，学习"看、听、试"的判断办法。

2.心肺复苏急救方法

①要求学生在工位上练习胸外按压急救手法和口对口人工呼吸法的动作和节奏。

②让学生用心肺复苏模拟人进行心肺复苏训练，根据打印输出的训练结果检查学生急救手法的力度和节奏是否符合要求（若采用的模拟人无打印输出，可由指导教师计时和观察学

生的手法以判断其正确性），直至学生掌握方法为止。

③完成技能训练报告。

四、考核与评价

1. 任务考核

任务考核见表1-13。

表1-13　任务考核

项目	评分标准		配分	得分
认识急救模拟设备	不能正确认识急救设备	每次扣5分	20分	
心肺复苏法	①不能正确操作模拟设备 ②吹气或按压技术不规范 ③规定时间内未救活 ④在规定时间内完成任务且每出现1次错误	扣10分 每处扣2分 扣10分 扣2分	80分	
安全文明生产	违反安全文明生产倒扣10分			

2. 总结与评价

以小组为单位，选择演示文稿、展板、海报、录像等形式中的一种或几种，向全班展示、汇报学习成果，根据表1-14进行总结与评价。

表1-14　项目总结与评价

班级：_____ 小组：_____ 姓名：_____		指导教师：_____ 日期：_____					
评价项目	评价标准	评价依据	评价方式			权重	得分小计
			学生自评20%	小组互评30%	教师评价50%		
职业素养	①遵守企业规章制度、劳动纪律 ②按时按质完成工作任务 ③积极主动承担工作任务，勤学好问 ④人身安全与设备安全	①出勤 ②工作态度 ③劳动纪律 ④团队协作精神				0.6	
创新能力	①在任务完成过程中能提出自己的有一定见解的方案 ②在教学或生产管理上提出建议，具有创新性	①方案的可行性及意义 ②建议的可行性				0.4	

任务三　防雷与接地

知识目标

1. 掌握现代综合防雷技术。

2. 理解防雷安全知识。

3. 理解接地装置及技术。

能力目标

1. 能够培养学生安全意识、文明生产意识。

2. 能够正确应用防雷技术。

素质目标

1. 培养学生查阅资料、自我学习的能力。

2. 培养学生独立思考的能力。

3. 培养学生解决工程问题的能力。

4. 培养学生团队合作能力。

5. 培养学生创新意识与能力。

基础知识

　　防雷是指通过组成拦截、疏导最后泄放入地的一体化系统方式以防止由直击雷或雷电电磁脉冲对建筑物本身或其内部设备造成损害的防护技术。

一、防雷

　　①土壤电阻率低于200Ω·m的区域的电杆可不另设防雷接地装置，但在配电室的架空进线或出线处应将绝缘子铁脚与配电室的接地装置相连接。

　　②施工现场内的起重机、井字架、龙门架等机械设备，以及钢脚手架和正在施工的在建工程等的金属结构，当在相邻建筑物、构筑物等设施的防雷装置接闪器的保护范围以外时，应按规定装防雷装置。

　　当最高机械设备上避雷针（接闪器）的保护范围能覆盖其他设备，且又最后退出于现场，则其他设备可不设防雷装置。

　　③机械设备或设施的防雷引下线可利用该设备或设施的金属结构体，但应保证电气连接。

　　④机械设备上的避雷针（接闪器）长度应为1～2m。塔式起重机可不另设避雷针（接闪器）。

　　⑤安装避雷针（接闪器）的机械设备，所有固定的动力、控制、照明、信号及通信线路，宜采用钢管敷设。钢管与该机械设备的金属结构体应做电气连接。

　　⑥施工现场内所有防雷装置的冲击接地电阻值不得大于30Ω。

　　⑦做防雷接地机械上的电气设备，所连接的PE线必须同时做重复接地，同一台机械电气设备的重复接地和机械的防雷接地可共用同一接地体，但接地电阻应符合重复接地电阻值的要求。

二、现代综合防雷技术

1. 接闪器技术

使用金属接闪器（包括避雷针、避雷线、避雷带、避雷网）以及用作接闪的金属屋面和金属构件等，安装在建筑物顶部或使其高端比建筑物顶端更高，吸引雷电，把雷电的强大电流传导到大地中去，防止闪电电流经过建筑物，从而使建筑物免遭雷击，起到保护建筑物的作用，如图1-16所示。

图1-16　接闪器

2. 屏蔽技术

屏蔽是减少电磁干扰的基本措施，用金属网、箔、壳、管等导体把需要保护的对象包围起来，从物理意义上说，就是把闪电的脉冲电磁场从空间入侵的通道阻隔起来，力求"无隙可钻"。为减少雷电电磁感应效应，常采用在建筑物和房间的外部设屏蔽措施，以合适的路径敷设线路，线路屏蔽。这些措施宜联合使用。

3. 接地技术

防雷接地是用来将雷电流导入大地，防止雷电流使人受到电击或财产受到损失。

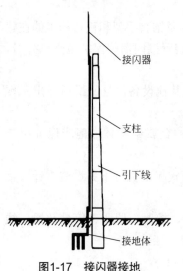

图1-17　接闪器接地

4. 引下线技术

引下线是连接接闪器与接地装置的金属导体，把接闪器拦截的雷电流引入大地的通道，引下线数量的多少直接影响分流雷电流的效果，引下线多，每根引下线通过的雷电流就少，其感应范围及强度就小，如图1-17所示。

5. 防反击技术

现代化的建筑物内离不开照明、动力、电话、电视和工作计算机等电子设备的线路，必须考虑防雷设施与各类管线的关系。合理布线也是防雷工程的重要措施。

计算机机房的综合布线中，为了布线工程的美观漂亮，常把很多网线安放在墙壁内，没有考虑对UTP电缆的屏蔽处理，一旦大楼某些钢筋泄放雷击电流，都将引起感应高电压，击毁设备。

从防雷角度上考虑，电源线不要与网络线同槽架设，数据插座与电源插座保持一定距离；广域网线缆不要与局域网线缆同槽架设；网线与墙壁布置时，有条件应远距离安装；屏蔽槽要求两点接地。

6. 过电压保护

凡是从室外来的无法使用导体直接连接的导线（包括电力电源线、电话线、信号线或者这类电缆的金属外套等）通过并联电涌保护器（SPD）连至接地线，它的作用是把导线传入的雷电过电压波在SPD处经SPD分流入地，也就是类似于把雷电流的所有入侵通道堵截了，而且不只一级堵截，可以多级堵截。

7. 等电位连接

等电位连接是指将分开的装置、诸导电物体用等电位连接导体或电涌保护器连接起来以减小雷电流在它们之间产生的电位差，如图1-18所示。

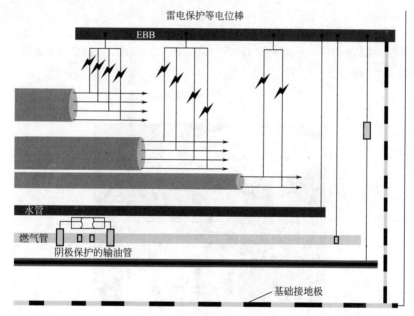

图1-18 等电位连接示意图

等电位连接是防雷措施中极为关键的一项。完善的等电位连接，也可以消除地电位骤然升高而产生的"反击"现象。

雷电过电压保护的基本原理是在瞬态过电压的极短时间内，在被保护区域内的所有导电部件之间建立一个等电位，这种导电部件包括了供电系统的有源线路和信号传输线。也就是说为了保证机电系统免遭雷击，要在极短的时间内，将高达数十千安培的雷电流从电源传输线和信号传输线传导入地。

以上介绍的这几种防雷措施在防雷工程中应当综合合理使用，如果只采取其中的一项或某几项技术，是不完善的。对防雷来说，仍然存在漏洞，防雷工程是一个很细致的工程，容不得半点的马虎，否则后悔晚矣（图1-19）。

三、防雷安全知识

①应该留在室内，并关好门窗；在室外工作的人应躲入建筑物内（图1-20）。

图1-19 防雷知识的作用

图1-20　关好门窗

②切勿接触天线、水管、铁丝网、金属门窗、建筑物外墙，远离电线等带电设备或其他类似金属装置（图1-21）。

图1-21　不要触摸金属装置

③不宜使用无防雷措施或防雷措施不足的电视、音响等电器，不宜使用水龙头（图-22）。

图1-22　拔下插头

④减少使用电话和手提电话（图1-23）。

图1-23　不要使用移动电话

⑤切勿游泳或从事其他水上运动，不宜进行室外球类运动，离开水面以及其他空旷场地，寻找地方躲避（图1-24）。

图1-24　不要游泳

⑥切勿站立于山顶、楼顶上或其他接近导电性高的物体（图1-25）。

图1-25　远离高处

⑦切勿处理开口容器内盛载的易燃物品。

⑧在旷野无法躲入有防雷建设的建筑物内时，应远离树木和桅杆（图1-26）。

图1-26　远离树木、烟囱和输电线

⑨在空旷场地不宜打伞，不宜把羽毛球拍、高尔夫球杆等扛在肩上。

⑩不宜开摩托车、骑自行车（图1-27）。

图1-27　不宜开摩托车

⑪在两次雷击之间有一分钟左右的间隙，应尽可能躲到能够防护的地方去。不具备上述条件时，应立即双膝下蹲、向前弯曲、双手抱膝（图1-28）。

图1-28　双膝下蹲、向前弯曲、双手抱膝

⑫在野外也可以凭借较高大的树木防雷，但千万记住要离开树干、树叶至少2m的距离。依此类推，孤立的烟囱下、高大的金属物体旁、电线杆下都不宜逗留。此外，站在屋檐下也是不安全的，最好马上进入建筑物内（图1-29）。

图1-29　寻求最近的避雷场所

⑬雷雨中若手中持有金属雨伞、高尔夫球棍、斧头等物，一定要扔掉或让这些物体低于人体。还有一些所谓的绝缘体，像锄头等物，在雷雨天气中其实并不绝缘（图1-30）。

图1-30　不要持有金属物体

⑭雷雨时，室内开灯应避免站立在灯头线下。

⑮不宜使用淋浴器，因为水管与防雷接地相连，雷电流可通过水流传导而致人伤亡（图1-31）。

图1-31　不要使用太阳能淋浴器

四、具体措施

1. 保护接零

①在TN系统中，下列电气设备不带电的外露可导电部分应做保护接零：

a. 电机、变压器、电器、照明器具、手持式电动工具的金属外壳。

b. 电气设备传动装置的金属部件。

c. 配电柜与控制柜的金属框架。

d. 配电装置的金属箱体、框架及靠近带电部分的金属围栏和金属门。

e. 电力线路的金属保护管、敷线的钢索、起重机的底座和轨道、滑升模板金属操作平台等。

f. 安装在电力线路杆（塔）上的开关、电容器等电气装置的金属外壳及支架。

②城防、人防、隧道等潮湿或条件特别恶劣施工现场的电气设备必须采用保护接零。

③在TN系统中，下列电气设备不带电的外露可导电部分，可不做保护接零：

a. 在木质、沥青等不良导电地坪的干燥房间内，交流电压380V及以下的电气装置金属外壳（当维修人员可能同时触及电气设备金属外壳和接地金属的除外）。

b. 安装在配电柜、控制柜金属框架和配电箱的金属箱体上，且与其可靠电气连接的电气测量仪表、电流互感器、电器的金属外壳。

2. 接地与接地电阻

①单台容量超过100kV·A或使用同一接地装置并联运行且总容量超过100kV·A的电力变压器或发电机的工作接地电阻值不得大于4Ω。

单台容量不超过100kV·A或使用同一接地装置并联运行且总容量不超过100kV·A的电力变压器或发电机的工作接地电阻值不得大于10Ω。

在土壤电阻率大于1000Ω·m的地区，当达到上述接地电阻值有困难时，工作接地电阻值可提高到30Ω。

②TN系统中的保护零线除必须在配电室或总配电箱处做重复接地外，还必须在配电系统的中间处和末端处做重复接地。

在TN系统中，保护零线每一处重复接地装置的接地电阻值不应大于10Ω。在工作接地电阻值允许达到10Ω的电力系统中，所有重复接地的等效电阻值不应大于10Ω。

③在TN系统中，严禁将单独敷设的工作零线再做重复接地。

④每一接地装置的接地线应采用2根及以上导体，在不同点与接地体做电气连接。不得采用铝导体做接地体或地下接地线。垂直接地体宜采用角钢、钢管或光面圆钢，不得采用螺纹钢。接地可利用自然接地体，但应保证其电气连接和热稳定。

⑤移动式发电机供电的用电设备，其金属外壳或底座应与发电机电源的接地装置有可靠的电气连接。

⑥移动式发电机系统接地应符合电力变压器系统接地的要求。下列情况可不另做保护接零。

a. 移动式发电机和用电设备固定在同一金属支架上，且不供给其他设备用电时。

b. 不超过2台的用电设备由专用的移动式发电机供电，供、用电设备间距不超过50m，且供、用电设备的金属外壳之间有可靠的电气连接时。

⑦在有静电的施工现场内，对集聚在机械设备上的静电应采取接地泄漏措施。每组专设

的静电接地体的接地电阻值不应大于100Ω，高土壤电阻率地区不应大于1000Ω。

五、一般规定

①在施工现场专用变压器的供电的TN-S接零保护系统中，电气设备的金属外壳必须与保护零线连接。保护零线应由工作接地线、配电室（总配电箱）电源侧零线或总漏电保护器电源侧零线处引出。

②当施工现场与外电线路共用同一供电系统时，电气设备的接地、接零保护应与原系统保护一致。不得一部分设备做保护接零，另一部分设备做保护接地。

采用TN系统做保护接零时，工作零线（N线）必须通过总漏电保护器，保护零线（PE线）必须由电源进线零线重复接地处或总漏电保护器电源侧零线处，引出形成局部TN-S接零保护系统。

③在TN接零保护系统中，通过总漏电保护器的工作零线与保护零线之间不得再做电气连接。

④在TN接零保护系统中，PE零线应单独敷设。重复接地线必须与PE线相连接，严禁与N线相连接。

⑤使用一次侧由50V以上电压的接零保护系统供电，二次侧为50V及以下电压的安全隔离变压器时，二次侧不得接地，并应将二次线路用绝缘管保护或采用橡皮护套软线。

当采用普通隔离变压器时，其二次侧一端应接地，且变压器正常不带电的外露可导电部分应与一次回路保护零线相连接。

以上变压器尚应采取防直接接触带电体的保护措施。

⑥施工现场的临时用电电力系统严禁利用大地做相线或零线。

⑦接地装置的设置应考虑土壤干燥或冻结等季节变化的影响，并应符合规定，接地电阻值在四季中均应符合规范要求。但防雷装置的冲击接地电阻值只考虑在雷雨季节中土壤干燥状态的影响。

⑧PE线所用材质与相线、工作零线（N线）相同时，其最小截面应符合的规定。

⑨保护零线必须采用绝缘导线。配电装置和电动机械相连接的PE线应为截面不小于2.5mm²的绝缘多股铜线。手持式电动工具的PE线应为截面不小于1.5mm²的绝缘多股铜线。

⑩PE线上严禁装设开关或熔断器，严禁通过工作电流，且严禁断线。

⑪相线、N线、PE线的颜色标记必须符合以下规定：相线L1（A）、L2（B）、L3（C）相序的绝缘颜色依次为黄、绿、红色；N线的绝缘颜色为淡蓝色；PE线的绝缘颜色为绿/黄双色。任何情况下上述颜色标记严禁混用和互相代用。

六、雷电灾害的防护

①单位应定期由专业防雷公司检测防雷设施，评估防雷设施是否符合国家规范要求，比如：学校、公司、区级以上医院、四星级以上宾馆、城区内高度在45m以上的高层建筑需两年检测一次。

②单位应设立防范雷电灾害责任人，负责防雷安全工作，建立各项防雷安全工作，建立各项防雷设施的定期检测，雷雨后的检查和日常的维护。如雷雨过后，安装在电话程控交换机、电脑等电器设备电源上和信号线上的过压保护器应检查有无损坏，发现损坏时应及时更换。

③建设单位在防雷设施的设计和建设时，应根据地质、土壤、气象、环境、被保护物的特点、雷电活动规律等因素综合考虑，采用安全可靠、技术先进、经济合理的设计施工。

④应采用技术和质量均符合国家标准的防雷设备、器件、器材，避免使用非标准防雷产品和器件。

⑤新增加建设和新增加安装设备应同时对防雷系统进行重新设计和建设，如：重新铺设电脑网络线、室外天线的移位和加高等都应该重新设计和建设防雷设施。

⑥雷灾发生时应及时处理，采取措施，避免再次雷击。

技能实训

一、实训目标

掌握防雷技术。

二、实训器具材料

常用电工工具、防雷设备与各种绘图工具。

三、实训内容及步骤

①分组讨论防雷技术。
②有条件网络收集防雷技术资料。
③分组制作演示文稿、展板、海报或录像等材料。

四、总结与评价

以小组为单位，选择演示文稿、展板、海报、录像等形式中的一种或几种，向全班展示、汇报学习成果，根据表1-15进行总结与评价。

表1-15　项目总结与评价

班级：_____ 小组：_____ 姓名：_____		指导教师：_____ 日期：_____					
评价项目	评价标准	评价依据	评价方式			权重	得分小计
			学生自评 20%	小组互评 30%	教师评价 50%		
职业素养	①遵守企业规章制度、劳动纪律 ②按时按质完成工作任务 ③积极主动承担工作任务，勤学好问 ④人身安全与设备安全	①出勤 ②工作态度 ③劳动纪律 ④团队协作精神				0.6	
创新能力	①在任务完成过程中能提出自己的有一定见解的方案 ②在教学或生产管理上提出建议，具有创新性	①方案的可行性及意义 ②建议的可行性				0.4	

项目二
钳工基本操作技能

任务一 钳工常用量具的识别与使用

知识目标
1. 认识常用钳工工具和量具。
2. 掌握常用钳工工具和量具的基本原理。
3. 掌握常用钳工工具和量具的使用方法。
4. 掌握量具的读数方法。

能力目标
1. 能够培养学生安全意识、文明生产意识。
2. 能够正确使用工具与量具。

素质目标
1. 培养学生查阅资料、自我学习的能力。
2. 培养学生独立思考的能力。
3. 培养学生解决工程问题的能力。
4. 培养学生团队合作能力。
5. 培养学生创新意识与能力。

基础知识

一、游标卡尺

游标卡尺如图2-1所示，是一种比较精密的通用量具，可以直接测量工件的内径、外径、宽度、长度、厚度、深度及中心距等。游标卡尺的读数精确度有0.1mm、0.05mm、0.02mm三种；测量范围有0～125mm、0～200mm、0～300mm等几种。

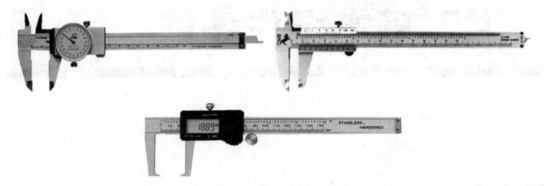

图2-1　常用的游标卡尺

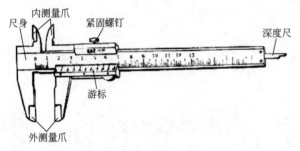

图2-2　游标卡尺的结构

1. 游标卡尺的结构

它主要由主尺和附在主尺上能滑动的游标两部分构成，如图2-2所示。游标上部有一紧固螺钉，可将游标固定在尺身上的任意位置。游标卡尺的主尺和游标上有两副活动量爪，分别是内测量爪和外测量爪，内测量爪通常用来测量内径，外测量爪通常用来测量长度和外径。

2. 游标卡尺的测量方法

普通游标卡尺用于测量工件的外形尺寸、内形尺寸和深度尺寸，如图2-3所示为测量方法。

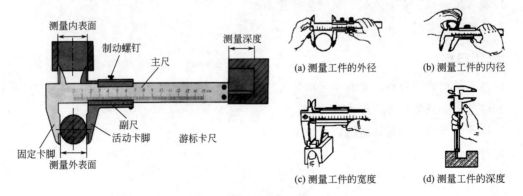

(a) 测量工件的外径　　(b) 测量工件的内径

(c) 测量工件的宽度　　(d) 测量工件的深度

图2-3　游标卡尺的测量方法

3. 游标卡尺的读数

这里仅介绍读数精确度为0.1mm的游标卡尺的读数方法。

刻度原理：游标卡尺尺身上刻线每格为1mm，而游标上共刻有10格，游标总长度9mm，即游标刻线每格为0.9mm（9/10），故主尺与游标每格刻度差值1/10，即0.1mm，如图2-4所示。

读数方法：①首先读出游标零线以左尺身上所显示的整毫米数；②读出游标上第n条刻线（零线除外）与尺身刻线对齐，则$n×0.1$即为所测尺寸的小数值；③两者加起来即为测得的尺寸数值。如图2-5所示的读数为37mm+ 5×0.1mm=37.5mm。

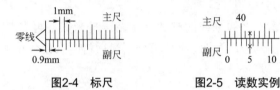

图2-4 标尺　　　　　　　图2-5 读数实例

4. 游标卡尺使用注意事项

①根据被测工件的特点、尺寸大小和精度要求选用合适的类型、测量范围。

②测量前应将游标卡尺擦干净，并将两量爪合并，检查游标卡尺的精度状况；大规格的游标卡尺要用标准棒校准检查。

③测量时，被测工件与游标卡尺要对正，测量位置要准确，两量爪与被测工件表面接触松紧合适。

④读数时，要正对游标刻线，看准对齐的刻线，正确读数；不能斜视，以减少读数误差。

⑤用单面游标卡尺测量内尺寸时，测得尺寸应为卡尺上的读数加上两量爪宽度尺寸。

⑥严禁在毛坯面、运动工件或温度较高的工件上进行测量，以防损伤量具精度和影响测量精度。

二、千分尺

千分尺是测量中最常用的精密量具之一，测量精度为0.01mm。按照用途不同可分为外径千分尺、内径千分尺、深度千分尺、内测千分尺和螺纹千分尺等，下面主要介绍电工常用的外径千分尺。

1. 外径千分尺的结构

如图2-6所示，其主要用于测量工件的外尺寸，如外径、长度、厚度等。

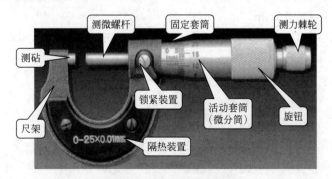

图2-6 外径千分尺的结构

2. 千分尺的读数

（1）千分尺的刻线原理

千分尺的固定套管上刻有轴向中线，作为读数基准线，上面一排刻线标出的数字表示毫米整数值；下面一排刻线未注数字，表示对应上面刻线的半毫米值，即固定套管上下每相邻两刻线轴向长为0.5mm。

千分尺的测微螺杆的螺距为0.5mm，当微分筒每转一圈时，测微螺杆便随之沿轴向移动0.5mm。微分筒的外锥面上一圈均匀刻有50条刻线，微分筒每转过一个刻线格，测微螺杆沿轴向移动0.01mm。所以千分尺的测量精度为0.01mm。

（2）千分尺的读数方法

先读出固定套管上露出来的刻线的整数毫米及半毫米数。再看微分筒哪一刻线与固定套管的基准线对齐，读出不足半毫米的小数部分。最后将两次读数相加，即为工件的测量尺寸，如图2-7所示。

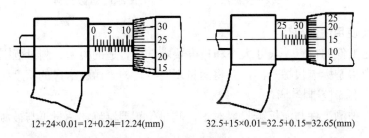

12+24×0.01=12+0.24=12.24(mm)　　32.5+15×0.01=32.5+0.15=32.65(mm)

图2-7　千分尺的读数方法

注意：固定套筒上刻有水平长刻线为零基准线，基准线下方刻有整毫米线，每格为1mm；基准线上方为0.5mm线，每条刻线均分上方的整毫米线。

3. 千分尺的使用方法及注意事项

①根据被测工件的特点、尺寸大小和精度要求选用合适的类型、测量范围。

②测量前，先将千分尺的两测头擦拭干净再进行零位校对。

③测量时，被测工件与千分尺要对正，以保证测量位置准确。使用千分尺时，先调节微分筒，使其开度稍大于所测尺寸，测量时可先转动微分筒，当测微螺杆即将接触工件表面时，再转动棘轮，测砧、测微螺杆端面与被测工件表面即将接触时，应旋转测力装置，听到"吱吱"声即停，不能再旋转微分筒。

④读数时，要正对刻线，看准对齐的刻线，正确读数；特别注意观察固定套管上中线之下的刻线位置，防止误读0.5mm。

⑤严禁在工件的毛坯面、运动工件或温度较高的工件上进行测量，以防损伤千分尺的精度和影响测量精度。

⑥使用完毕擦净上油，放入专业盒内，置于干燥处。

三、百分表

百分表是一种指示式测量仪，主要用来测量工件的尺寸、形状和位置误差，也可用于检验机床的几何精度或调整工件的装夹位置偏差。百分表的测量范围一般有0～3mm、0～5mm和0～10mm三种。按制造精度不同，百分表可分为0级、1级和2级，如图2-8所示。

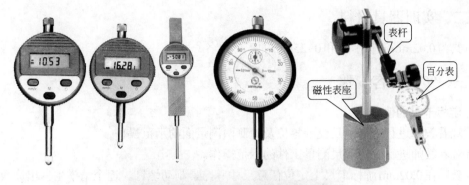

图2-8 百分表

1. 百分表的结构

其结构主要由测头、量杆、大小齿轮、指针、表盘、表圈等组成。

2. 百分表的读数

（1）百分表的刻线原理

圆表盘上印制有100个等分刻度，长指针每转1格，表示量杆移动0.01mm。小指针每格读数为1mm。测量时指针读数的变动量即为尺寸变化量。

（2）百分表的读数方法

测量时，量杆被推向管内，量杆移动的距离等于小指针的读数（测出的整数部分）加上大指针的读数（测出的小数部分，即大指针读数乘以0.01）。

3. 百分表的使用注意事项

①百分表属于精密机械装置，严禁剧烈碰撞或跌落。

②用磁性表座或加工专用的夹具将百分表固定，表杆对准被测点且保证与被测面垂直。

③通过调整磁性表座的微调螺栓或夹具，使用百分表有一初读数（根据构件变形的方向和大小预设）。

④固定百分表的设施相对于被测构件是否合适，是否受环境因素影响。

⑤每次读完数后要作一次复查。

技能实训

一、实训目标

掌握钳工量具的使用。

二、实训器具材料

量具为0.02mm游标卡尺和0~25mm的千分尺各一把。

三、实训内容步骤

1. 游标卡尺的使用

①观看教师进行游标卡尺校准零位及检测两测量面的示范操作。

②观看教师进行游标卡尺测量工件的示范操作。

③教师在0.02mm游标卡尺上定位任意尺寸后拧紧制动螺钉，逐个请学生读出读数。

2. 千分尺的使用

①观看教师进行千分尺校准零位及检测两测量面的示范操作。

②观看教师进行千分尺测量工件的示范操作。

③教师在千分尺上定位任意尺寸后拧紧锁紧装置，逐个请学生读出读数。

四、考核与评价

1. 任务考核

任务考核见表2-1。

表2-1　任务考核

项目	评分标准		配分	得分
认识常用工具与量具	①不能正确认识工具	每次扣2分	20分	
	②不能说出工具的基本用途	扣2分		
	③不能检测工具质量好坏	扣2分		
	④不认识常用的量具	每处扣2分		
工具、量具选择与使用	①不能正确选择工具	每次扣5分	80分	
	②不能正确使用工具	每次扣5分		
	③使用中损坏工具	扣10分		
	④不能正确读数	扣5分		
安全文明生产	违反安全文明生产倒扣10分			

2. 总结与评价

以小组为单位，选择演示文稿、展板、海报、录像等形式中的一种或几种，向全班展示、汇报学习成果，根据表2-2进行总结与评价。

表2-2　项目总结与评价

班级：_____ 小组：_____ 姓名：_____		指导教师：_____ 日期：_____					
评价项目	评价标准	评价依据	评价方式			权重	得分小计
			学生自评 20%	小组互评 30%	教师评价 50%		
职业素养	①遵守企业规章制度、劳动纪律 ②按时按质完成工作任务 ③积极主动承担工作任务，勤学好问 ④人身安全与设备安全	①出勤 ②工作态度 ③劳动纪律 ④团队协作精神				0.6	

续表

评价项目	评价标准	评价依据	评价方式			权重	得分小计
			学生自评 20%	小组互评 30%	教师评价 50%		
创新能力	①在任务完成过程中能提出自己的有一定见解的方案 ②在教学或生产管理上提出建议，具有创新性	①方案的可行性及意义 ②建议的可行性				0.4	
合计							

任务二　锯削、錾削、锉削

知识目标

1. 认识常用锯削、錾削、锉削工具。
2. 掌握锯削、錾削、锉削工具的使用和选用。

能力目标

1. 能够培养学生安全意识、文明生产意识。
2. 能够利用锯削、錾削、锉削工具进行产品的加工。

素质目标

1. 培养学生查阅资料、自我学习的能力。
2. 培养学生独立思考的能力。
3. 培养学生解决工程问题的能力。
4. 培养学生团队合作能力。
5. 培养学生创新意识与能力。

基础知识

一、锯削

锯削是用手锯来分割材料或在工件上进行切槽的操作，通过人工操作锯弓对原材料进行加工的方法。

1. 锯削工具

锯削的常用工具是手锯，由锯弓和锯条组成，如图2-9所示。锯弓可分为固定式和可调式两种，图2-9中为常用的可调式锯弓，锯条由碳素工具钢制成，并经淬火和低温退火处理。

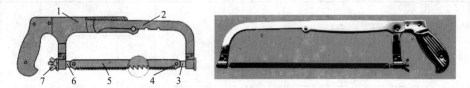

图2-9　可调式锯弓

1—固定部分；2—可调部分；3—固定拉杆；4—销子；5—锯条；6—活动拉杆；7—蝶形螺母

2. 锯削基本操作要领

（1）锯条安装

根据工件材料及厚度选择合适的锯条，使锯条齿尖朝前［见图2-10（a）］，装入锯弓夹头的销钉上。松紧应适当，用翼行螺母调整，一般用两个手指的力能旋紧为止。锯条安装好后，不能有歪斜和扭曲否则锯削时易折断。调整时，不可过紧或过松。太紧，失去了应有的弹性，锯条容易崩断；太松，会使锯条扭曲，锯锋歪斜，锯条也容易折断。

锯条的安装归纳起来有三条：齿尖朝前、松紧适中、锯条无扭曲，如图2-10所示。

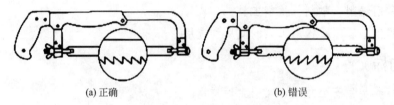

(a) 正确　　　　　　　　　　(b) 错误

图2-10　锯条的安装

（2）工件安装

工件的夹持通常将工件牢固地夹在虎钳的左面，并使锯缝平行地离钳口侧面约20mm防止变形。工件一般应夹在台虎钳的左面，以便操作，工件伸出钳口的部分不应过长，应使锯缝离开钳口侧面约20mm，否则工件在锯割时会产生振动；锯缝线要与钳口侧面保持平行（使锯缝线与铅垂线方向一致），这样便于控制锯缝不偏离划线线条；工件夹紧要牢靠，避免锯削时工件移动或使锯条折断。同时要避免将工件夹变形和夹坏已加工面。

（3）锯削姿势与握锯

锯削时站立姿势：站立姿势，两腿自然站立，身体重心稍微偏于后脚。身体正前方与台虎钳中心线成大约45°角，且略向前倾；左脚跨前半步（左右两脚后跟之间的距离为250～300mm），脚掌与虎钳成30°角，膝盖处稍有弯曲，保持自然；右脚要站稳伸直，不要过于用力，脚掌与虎钳成75°角；视线要落在工件的切削部位上。右手握住锯柄，左手握住锯弓的前端，见图2-11。推锯时，身体稍向前倾斜，利用身体的前后摆动，带动手锯前后运动。推锯时，锯齿起切削作用，给以适当压力。向回拉时，不切削，应将锯稍微提起，减少对锯齿的磨损。锯割时，应尽量利用锯条的有效长度。如行程过短，则局部磨损过快，降低锯条的使用寿命，甚至因局部磨损，造成锯锋变窄，锯条被卡住或折断。推力和压力的大小主要由右手掌握，左手压力不要太大。

手锯握法：右手满握锯柄，左手呈虎口状，拇指压住锯梁背部，其他四指轻扶在锯弓前端。

锯割时，锯弓的运动方式有直线式运动和摆动式运动两种。

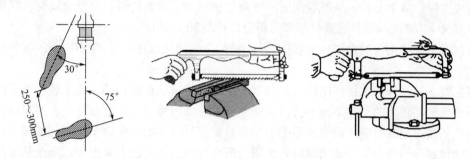

图2-11 锯削时两脚的姿势及手锯的握法

①直线式运动指割时锯弓始终平直地沿直线作往返运动。直线式运动适用于锯削锯缝底面要求平直的槽和薄壁工件。

②摆动式运动指锯弓在作往返运动的同时还要作小幅度的上下摆动。锯割运动一般采用小幅度的上下摆动式运动，即手锯推进时身体略向前倾，双手随着手锯前推的同时，左手上翘、右手下压；返回回程时右手上抬，左手自然跟回，摆动要自然。这样可使操作自然，两手不易疲劳。对锯缝底面要求平直的割锯，必须采用直线运动。

（4）起锯方法

起锯的方式有两种：一种是从工件远离自己的一端起锯，如图2-12（a）所示，称为远起锯；另一种是从工件靠近操作者身体的一端起锯，如图2-12（b）所示，称为近起锯。一般情况下采用远起锯较好。起锯时，锯条与工件表面倾斜角约为15°，最少要有三个齿同时接触工件。起锯时利用锯条的前端（远起锯）或后端（近起锯），靠在一个面的棱边上起锯。起锯时来回推拉距离最短，压力要轻，这样，才能尺寸准确，锯齿容易吃进。无论用哪一种起锯的方法，起锯角度都不要超过15°。为使起锯的位置准确和平稳，起锯时可用左手大拇指挡住锯条的方法来定位。后起锯主要用于薄板。

锯割动作推锯时身体上部稍向前倾，给手锯以适当的压力而完成锯削。拉锯时不切削，应将锯稍微提起，以减少锯齿的磨损。推锯时推力和压力均由右手控制，左手几乎不加压力，主要配合右手起扶正锯弓的作用。手锯推出时为切削行程，应施加压力。手锯退回行程时全齿不参加切削，只作自然拉回，不施加压力，以免锯齿磨损。工件将要锯断时压力要小。

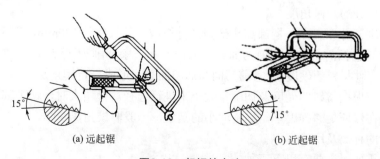

(a) 远起锯　　　　　　　　　　　(b) 近起锯

图2-12 起锯的方法

（5）锯削速度和往复长度

锯削速度以每分钟往复20～40次为宜。速度过快锯条容易磨钝，反而会降低切削效率；速度太慢，效率不高。另外锯削时应注意推拉频率：对软材料和有色金属材料频率为每分钟往复50～60次，对普通钢材频率为每分钟往复30～40次。

锯削时最好使锯条的全部长度都能进行锯割，一般锯弓的往复长度不应小于锯条长度的2/3。

锯割时，被夹持的工件伸出钳口部分要短，锯锋尽量放在钳口的左侧，较小的工件夹牢时要防止变形，较大的工件不能夹持时，必须放置稳妥再锯割。在割前首先在原材料或工件上划出锯割线。划线时应考虑锯割后的加工余量。锯割时要始终使锯条与所划的线重合，这样，才能得到理想的锯缝。如果锯缝有歪斜，应及时纠正，若已歪斜很多，应改从工件锯缝的对面重新起锯。否则很难改直，而且很可能折断锯条。

3. 锯割操作注意事项

①锯割前要检查锯条的装夹方向和松紧程度。

②锯割时压力不可过大，速度不宜过快，以免锯条折断伤人。

③锯割将完成时，用力不可太大，并需用左手扶住被锯下的部分，以免该部分落下时砸脚。

二、錾削

用手锤打击錾子对金属进行切削加工的操作方法称为錾削。錾削的作用就是錾掉或錾断金属，使其达到要求的形状和尺寸。

1. 錾子

錾子由头部、切削部分及錾身三部分组成，头部有一定的锥度，顶端略带球形，以便锤击时作用力容易通过錾子中心线，錾身多呈八棱形，以防止錾子转动，如图2-13所示。

图2-13　錾子

（1）切削部分的几何角度

錾子由切削部分、斜面、柄部和头部四部分组成，其长度约170mm，直径18～24mm。錾子的切削部分包括两个表面（前刀面和后刀面）和一条切削刃（锋口）。切削部分要求较高硬度（大于工件材料的硬度），且前刀面和后刀面之间形成一定楔角β。

楔角大小应根据材料的硬度及切削量大小来进行选择。楔角大时，切削部分强度大，但切削阻力大。在保证足够强度下，尽量取小的楔角，一般取楔角$\beta=60°$。

（2）錾子的种类及用途

根据加工需要，主要有以下三种。

①扁錾。它的切削部分扁平，用于錾削大平面、薄板料、清理毛刺等。

②狭錾。它的切削刃较窄，用于錾槽和分割曲线板料。

③油槽錾。它的刀刃很短，并呈圆弧状，用于錾削轴瓦和机床平面上的油槽等。

2. 手锤

手锤是钳工常用的敲击工具，由锤头、木柄和楔子组成（图2-14）。手锤的规格以锤头的重量来表示，有0.46kg、0.69kg、0.92kg等。锤头用T7钢制成，并经热处理淬硬。木柄用比较坚韧的木材制成，常用0.69kg手锤柄长约350mm，木柄装在锤头中，必须稳固可靠，要防止脱落造成事故。为此，装木柄的孔做成椭圆形，且两端大中间小。木柄敲紧在孔中后，端部再打入楔子可防松动。木柄做成椭圆形防止锤头孔发生转动以外，握在手中也不易转动，便于进行准确敲击。

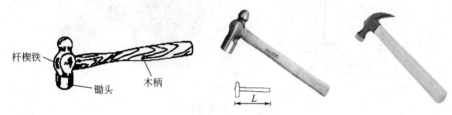

图2-14 手锤

3. 錾削操作

（1）手锤的握法（图2-15）

①紧握法。用右手五指紧握锤柄，大拇指合在食指上，虎口对准锤头方向（木柄椭圆的长轴方向），木柄尾部露出15～30mm。在挥锤和锤击过程中，五指始终紧握。

②松握法。只用大拇指和食指始终握紧手柄。在挥锤时，小指、无名指、中指依次放松；在锤击时，又以相反的方向依次收拢握紧。这种握法手不易疲劳，且锤击力大。

图2-15 手锤的握法

（2）錾子的握法（图2-16）

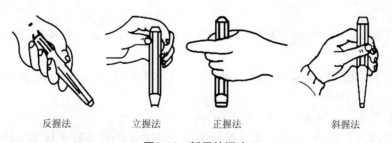

图2-16 錾子的握法

①正握法。手心向下，腕部伸直，用中指、无名指握住錾子，小指自然合拢，食指和大拇指自然伸直地松靠，錾子头部伸出约20mm。

②反握法。手心向上，手指自然捏住錾子，手掌悬空。

（3）站立姿势

身体与台虎钳中心线大致成45°角，且略向前倾，左脚跨前半步，膝盖处稍有弯曲，保持自然，右脚站稳伸直，不要过于用力，如图2-17所示。

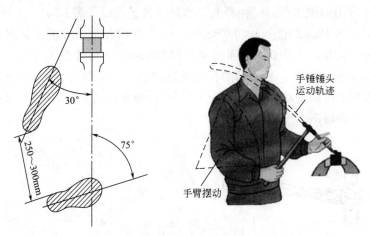

图2-17　站立姿势

（4）挥锤方法

挥锤有腕挥、肘挥和臂挥三种方法（图2-18）。

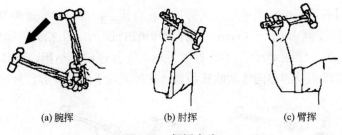

(a) 腕挥　　　　　(b) 肘挥　　　　　(c) 臂挥

图2-18　挥锤方法

①腕挥是仅用手腕的动作来进行锤击运动，采用紧握法握锤，一般仅用于錾削余量较少及錾削开始或结尾。

②肘挥是用手腕与肘部一起挥动作锤击运动，采用松握法握锤，因挥动幅度较大，锤击力大，应用最广。

③臂挥是手腕、肘和全臂一起挥动，其锤击力最大，用于需大力錾削的工件。

（5）锤击速度

錾削时锤击应稳、准、狠，其动作要一下一下有节奏地进行，一般肘挥时约40次/min，腕挥50次/min。

（6）起錾

錾子尽可能向右斜45°左右。从工件边缘尖角处开始，并使錾子从尖角处向下倾斜30°左右，轻打錾子，可较容易切入材料。起錾后按正常方法錾削。当錾削到工件尽头时，要防止工件材料边缘崩裂，脆性材料尤其需要注意。因此，錾到尽头10mm左右时，必须调头錾去其余部分。

4.锤击要领

（1）挥锤

肘收臂提，举锤过肩，手腕后弓，三指微松，锤面朝天，稍停瞬间。

（2）锤击

目视錾刃，臂肘齐下，收紧三指，手腕加劲，锤錾一线，锤走弧形，左脚着力，右腿伸直。

（3）要求

稳——速度节奏40次/min，准——命中率高，狠——锤击有力。

5.錾削操作的注意事项

①先检查錾口是否有裂纹、錾头不能有毛刺。

②检查锤子手柄是否有裂纹，锤子与手柄是否有松动。

③不要正面对人操作，操作时不能戴手套，以免打滑。

④錾削临近终了时要减力锤击，以免用力过猛伤手。

三、锉削

用锉刀对工件表面进行切削加工，使其尺寸、形状、位置和表面粗糙度等都达到要求，这种加工方法叫锉削。锉削的主要工具是锉刀，常用锉刀分普通锉和整形锉（什锦锉）两类，如图2-19所示。普通锉按其断面形状分为平锉（扁锉）、方锉、三角锉、半圆锉和圆锉等几种。

图2-19　普通锉和整形锉

1.锉刀的组成

锉刀主要由锉齿、锉刀面、锉刀尾、锉刀把等组成，如图2-20所示。

①锉刀面。指锉刀主要工作面，它的长度就是锉刀的规格（圆锉的规格参考直径的大小而定，方锉的规格参考方头尺寸而定）。锉刀面在纵长方向上呈凸弧形，前端较薄，中间较厚。

②锉刀边。指锉刀上的窄边，有的边有齿，有的边没齿，没齿的边，就叫安全边或光边。

③锉刀尾。指锉刀上没齿的一端，它跟锉刀舌连着。

④锉刀舌。指锉刀尾部，像一把锥子一样插入手柄中。

⑤锉刀把。装在锉刀舌上，便于用力，它的一端装有铁箍，以防锉刀把劈裂。

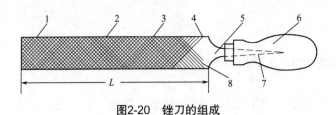

图2-20 锉刀的组成

1—锉齿；2—锉刀面；3—锉刀边；4—底齿；5—锉刀尾；6—锉刀把；7—锉刀舌；8—面齿；L—长度

2. 锉刀的规格及选用

锉刀的规格分尺寸规格和齿纹粗细规格两种。方锉刀的尺寸规格以方形尺寸表示，圆锉刀的规格用直径表示，其他锉刀则以锉身长度表示。钳工常用的锉刀，锉身长度有100mm、125mm、150mm、200mm、250mm、300mm、350mm、400mm等多种。

齿纹粗细规格，以锉刀每10mm轴向长度内主锉纹的条数表示。主锉纹指锉刀上起主切削作用的齿纹；而另一个方向上起分屑作用的齿纹，称为辅助齿纹。

每种锉刀都有其主要的用途，应根据工件表面形状和尺寸大小来选用。

3. 锉刀的操作使用

（1）锉刀的握法

如图2-21所示，右手握着锉刀柄，将柄外端顶在拇指根部的手掌上，大拇指放在手柄上，其余手指由下而上握手柄。左手在锉刀上的握法有3种，左手掌斜放在锉梢上方，拇指根部肌肉轻压在锉刀刀头上，中指和无名指抵住梢部右下方；左手掌斜放在锉梢部，大拇指自然伸出，其余各指自然卷曲，小拇指、无名指、中指抵住锉刀前下方；左手掌斜放在锉梢上，各指自然平放。

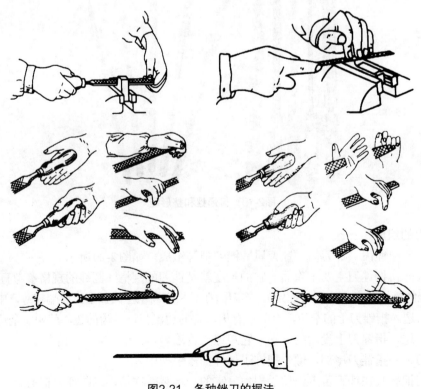

图2-21 各种锉刀的握法

（2）平面锉削的姿势（图2-22）

锉削姿势正确与否，对锉削质量、锉削力的运用和发挥以及操作者的疲劳程度都起着决定影响。锉削姿势的正确掌握，必须从握锉、站立步位和姿势动作以及操作用力这几方面进行，协调一致反复练习才能达到。

姿势动作：身体站立与台虎钳钳口成45°，左脚与钳口成30°，右脚与钳口成75°。两手握住锉刀放在工件上面，左臂弯曲小臂与工件锉削面的左右方向保持平行，右小臂要与工件锉削面的前后方向保持基本平行，但要自然。锉削时身体先于锉刀一起向前10°右脚伸直并稍向前倾重心在左脚，右膝部呈弯曲状态，当锉刀锉面行至3/4行程时（身体向前18°）身体停止前进，两臂则继续将锉刀向前锉到头，同时左脚自然伸直并随着锉削时的反作用力将身体重心后移，使身体恢复原位10°。并顺势将锉刀收回。将近结束时身体又开始先于锉刀前倾15°作第二次锉削的向前运动。

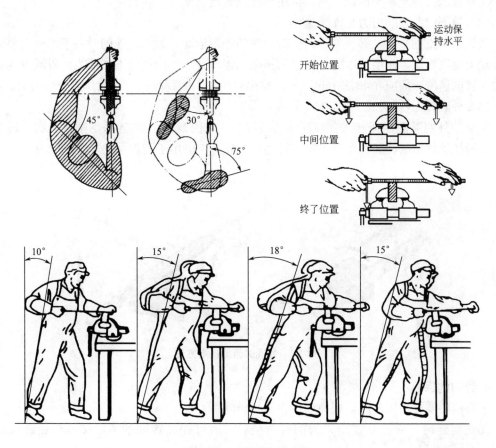

图2-22　平面锉削的姿势

（3）平面的锉法

①顺向锉。锉刀运动方向与工件夹持方向始终一致。在锉宽平面时，为使整个加工表面能均匀地锉削，每次退回锉刀时应在横向作适当的运动。顺向锉的锉纹整齐一致，比较美观，这是最基本的一种锉削方法，如图2-23所示。

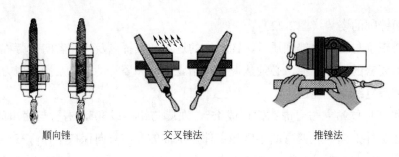

顺向锉 交叉锉法 推锉法

图2-23　平面的锉法

②交叉锉。锉刀运动方向与工件夹持方向成30°～40°角，且锉纹交叉。由于锉刀与工件的接触面大，锉刀容易掌握平稳，同时，从锉痕上可以判断出锉削面的高低情况，便于不断地修正锉削部位。交叉锉法一般适用于粗锉，精锉时必须采用顺向锉，使锉痕变直，纹理一致。

③推锉法。待基本平面锉平后，可用细锉或光锉以推锉法修光。

（4）锉削时两手的用力和锉削速度

要锉出平直的平面，必须使锉刀保持直线的锉削运动。为此，锉削时右手的压力要随锉刀推动而逐渐增加，左手的压力要随锉刀推动而逐渐减小，回程时不加压力，以减少锉齿的磨损。锉削速度一般应在40次/min左右，推出时稍慢，回程时稍快，动作要自然协调。

（5）外圆弧面锉削

常见的外圆弧面锉削方法有顺锉法和滚锉法（见图2-24）。顺锉法切削效率高，适于粗加工；滚锉法锉出的圆弧面不会出现有棱角的现象，一般用于圆弧面的精加工阶段。

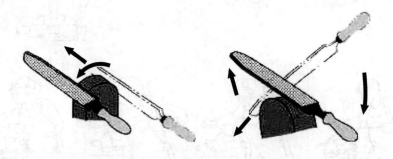

图2-24　外圆弧面的锉削方法

4. 锉刀的保养

①新锉刀要先使用一面，用钝后再使用另一面。

②在粗锉时，应充分使用锉刀的有效全长，既可提高锉削效率，又可避免锉齿局部磨损。

③锉刀上不可沾油与沾水。

④如锉削嵌入齿缝内必须及时用钢丝刷沿着锉齿的纹路进行清除。

⑤不可锉毛坯件的硬皮及经过淬硬的工件。

⑥铸件表面如有硬皮，应先用砂轮磨去或用旧锉刀和锉刀的有齿侧边锉去，然后再进行正常锉削加工。

⑦锉刀使用完毕时必须清刷干净，以免生锈。

⑧无论在使用过程中或放入工具箱时，不可与其他工具或工件堆放在一起，也不可与其他锉刀互相重叠堆放，以免损坏锉齿。

5. 锉削注意事项

①锉刀是右手工具，应放在台虎钳的右面；放在钳台上时锉刀柄不可暴露在钳台外面，以免掉落地上砸伤脚或损坏锉刀。

②没有装柄的锉刀、锉刀柄已裂开或没有锉刀柄箍的锉刀不可使用。

③锉削时锉刀柄不能撞击到工件，以免锉刀柄脱落造成事故。

④不能用嘴吹锉屑，也不能用手擦摸锉削表面。

⑤锉刀不可以作撬棒或当手锤使用。

技能实训

一、实训目的

掌握锯削的操作方法。

二、实训器具材料

划线工具、游标卡尺、角尺、游标高度尺、锯弓、锯条、软钳口、锉刀、扁油刷、V形块。

三、实训内容步骤

①检查毛坯，划锯削线，复检后打样冲眼。

②锯削四方体（要求纵向锯），达到尺寸25mm±0.5mm（两组）、平行度0.8mm、锯削断面的平面度0.5mm、与基面垂直度0.5mm，锯痕整齐。

四、考核与评价

1. 任务考核

任务考核见表2-3。

表2-3　任务考核

项目	评分标准		配分	得分
认识锯割、锉削工具	①不能正确认识工具 ②不能说出工具的基本用途 ③不能检测工具质量好坏	每次扣2分 扣2分 扣2分	20分	
锯割、锉削工具的选择与使用	①不能正确选择锯割与锉削工具 ②不能正确使用锯割与锉削工具 ③使用中损坏工具	每次扣5分 每次扣5分 扣10分	80分	
安全文明生产	违反安全文明生产倒扣10分			

2. 总结与评价

以小组为单位，选择演示文稿、展板、海报、录像等形式中的一种或几种，向全班展示、汇报学习成果，根据表2-4进行总结与评价。

表2-4 项目总结与评价

班级：_____ 小组：_____ 姓名：_____	指导教师：_____ 日期：_____					
评价项目	评价标准	评价依据	评价方式			权重	得分小计
			学生自评20%	小组互评30%	教师评价50%		
职业素养	①遵守企业规章制度、劳动纪律 ②按时按质完成工作任务 ③积极主动承担工作任务，勤学好问 ④人身安全与设备安全	①出勤 ②工作态度 ③劳动纪律 ④团队协作精神				0.6	
创新能力	①在任务完成过程中能提出自己的有一定见解的方案 ②在教学或生产管理上提出建议，具有创新性	①方案的可行性及意义 ②建议的可行性				0.4	
合计							

任务三 钻孔、攻螺纹与套螺纹

知识目标

1. 认识常用钻孔工具与攻螺纹工具。
2. 掌握钻孔工具与攻螺纹工具的使用和选用。
3. 套螺纹工具的使用和选用。

能力目标

1. 能够培养学生安全意识、文明生产意识。
2. 能够利用钻孔、攻螺纹、套螺纹工具进行产品的加工。

素质目标

1. 培养学生查阅资料、自我学习的能力。
2. 培养学生独立思考的能力。
3. 培养学生解决工程问题的能力。
4. 培养学生团队合作能力。
5. 培养学生创新意识与能力。

基础知识

一、钻孔

用麻花钻在实体材料上加工孔的方法称为钻孔。常用的钻床有台式钻床、立式钻床和摇臂钻床。

1. 钻床

（1）台式钻床

简称台钻（见图2-25），是一种小型机床，安放在钳工台上使用。其钻孔直径一般在12mm以下。主要用于加工小型工件上的各种孔，钳工中用得最多。

（2）立式钻床

简称立钻（见图2-26），一般用来钻中型工件上的孔，其规格用最大钻孔直径表示。常用的有25mm、35mm、40mm、50mm等几种。

图2-25　台式钻床

1—工作台；2—进给手柄；3—主轴；4—带罩；
5—电动机；6—主轴架；7—立柱；8—机座

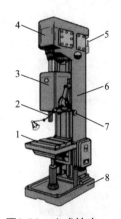

图2-26　立式钻床

1—工作台；2—主轴；3—进给箱；4—主轴变速箱；
5—电动机；6—立柱；7—进给手柄；8—机座

（3）摇臂钻床

摇臂钻床有一个能绕立柱旋转的摇臂（见图2-27）。主轴箱可在摇臂上作横向移动，并可随摇臂沿立柱上下作调整运动，因此，操作时能很方便地调整到需钻削的孔的中心，而工件不需移动。摇臂钻床加工范围广，可用来钻削大型工件的各种螺钉孔、螺纹底孔和油孔等。

2. 麻花钻

麻花钻是钻孔的主要工具，它是由切削部分、导向部分和柄部组成，如图2-28所示。直径小于12mm时一般为直柄钻头，大于12mm时为锥柄钻头。

麻花钻有两条对称的螺旋槽，用来形成切削刃，且作输送切削液和排屑之用。前端的切削部分（见图2-29）有两条对称的主切削刃，两刃之间的夹角2φ称为锋角。两个顶面的交线叫作横刃。导向部分上的两条刃带在切削时起导向作用，同时又能减小钻头与工件孔壁的摩擦。

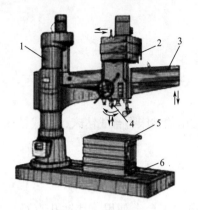

图2-27 摇臂钻床

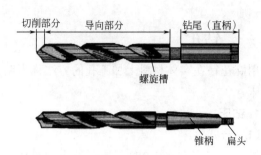

图2-28 麻花钻

1—立柱；2—主轴箱；3—摇臂；4—主轴；5—工作台；6—机座

3. 钻孔操作

（1）钻头的装夹

钻头的装夹方法，按其柄部的形状不同而异。锥柄钻头可以直接装入钻床主轴孔内，较小的钻头可用过渡套筒安装（见图2-30）；直柄钻头一般用钻夹头安装（见图2-31）。

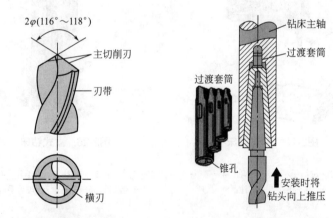

图2-29 麻花钻的切削部分　　　　图2-30 安装锥柄钻头

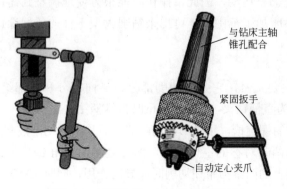

图2-31 过渡套筒、钻夹头的拆卸方法

钻夹头或过渡套筒的拆卸方法是将楔铁带圆弧的边向上插入钻床主轴侧边的锥形孔内，左手握住钻夹头，右手用锤子敲击楔铁卸下钻夹头（见图2-31）。

（2）工件的夹持

钻孔中的安全事故，大都是由于工件的夹持方法不对造成的。因此，应注意工件的夹持。小件和薄壁零件钻孔，要用手虎钳夹持工件［见图2-32（a）］。中等零件，可用平口钳夹紧［见图2-32（b）］。大型和其他不适合用虎钳夹紧的工件，可直接用压板螺钉固定在钻床工作台上［见图2-32（c）］。在圆轴或套筒上钻孔，须把工件压在V形铁上钻孔［见图2-32（d）］。在成批和大量生产中，钻孔时广泛应用钻模夹具（见图2-33）。

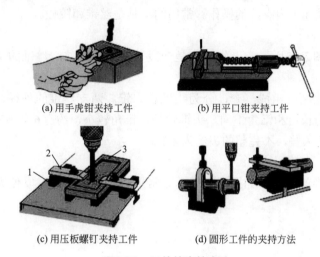

(a) 用手虎钳夹持工件   (b) 用平口钳夹持工件

(c) 用压板螺钉夹持工件   (d) 圆形工件的夹持方法

图2-32　工件的夹持方法

1—垫铁；2—压板；3—工件

（3）按划线钻孔

钻孔前应预先在孔中心处打样冲眼。钻孔时，先对准样冲眼试钻一浅坑，如有偏位，可用样冲重新冲孔纠正，也可用錾子錾出几条槽来纠正（见图2-34）。钻孔时，进给速度要均匀，将钻通时，进给量要减小。钻韧性材料要加切削液。钻深孔（孔深L与直径d之比大于5）时，钻头必须经常退出排屑。

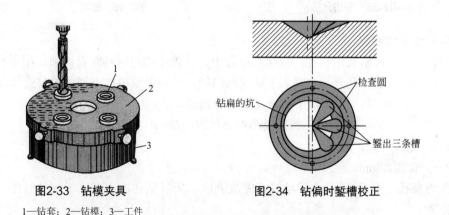

图2-33　钻模夹具   **图2-34　钻偏时錾槽校正**

1—钻套；2—钻模；3—工件

检查圆

钻扁的坑

錾出三条槽

4. 钻孔的注意事项

①钻孔前一般先划线，确定孔的中心，在孔中心先用冲头打出较大中心眼。

②钻孔时应先钻一个浅坑，以判断是否对中。

③在钻削过程中，特别钻深孔时，要经常退出钻头以排出切屑和进行冷却，否则可能使切屑堵塞或钻头过热磨损甚至折断，并影响加工质量。

④钻通孔时，当孔将被钻透时，进刀量要减小，避免钻头在钻穿时的瞬间抖动，出现"啃刀"现象，影响加工质量，损伤钻头，甚至发生事故。

二、攻螺纹

攻螺纹是用丝锥加工内螺纹的操作。常用的工具是丝锥和铰杠。

1. 丝锥

丝锥的结构如图2-35所示。工作部分是一段开槽的外螺纹。丝锥的工作部分包括切削部分和校准部分。

手用丝锥一般由两支组成一套，分为头锥和二锥。两支丝锥的外径、中径和内径均相等，只是切削部分的长短和锥角不同。头锥较长，锥角较小，约有6个不完整的齿，以便切入。二锥短些，锥角大些，不完整的齿约为2个。

2. 铰杠

铰杠是扳转丝锥的工具，如图2-36所示。常用的是可调节式，以便夹持各种不同尺寸的丝锥。

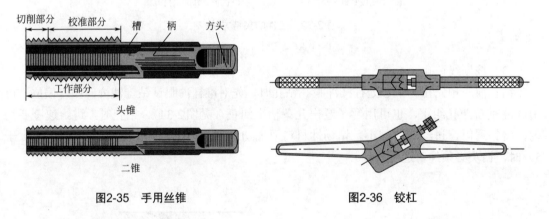

切削部分　校准部分　槽　柄　方头

工作部分

头锥

二锥

图2-35　手用丝锥　　　　　　　　图2-36　铰杠

3. 攻螺纹操作步骤

①钻孔。攻螺纹前要先钻孔，攻螺纹过程中，丝锥牙齿对材料既有切削作用还有一定的挤压作用，所以一般钻孔直径D略大于螺纹的内径，可查表或根据下列经验公式计算。

$$加工钢料及塑性金属时 \quad D = d-P$$

$$加工铸铁及脆性金属时 \quad D = d-1.1P$$

式中　d——螺纹外径，mm；

　　　P——螺距，mm。

若孔为盲孔（不通孔），由于丝锥不能攻到底，所以钻孔深度要大于螺纹长度，其大小按下式计算

孔的深度＝要求的螺纹长度＋螺纹外径

②攻螺纹时，两手握住铰杠中部，均匀用力，使铰杠保持水平转动，并在转动过程中对丝锥施加垂直压力，使丝锥切入孔内 1～2 圈 ［见图2-37（a）、（b）］。

③用90°角尺，检查丝锥与工件表面是否垂直。若不垂直，丝锥要重新切入，直至垂直，如图2-37（c）所示。

④深入攻螺纹时，两手紧握铰杠两端，正转1～2圈后反转1/4圈，如图2-37（d）所示。在攻螺纹过程中，要经常用毛刷对丝锥加注机油。在攻不通孔螺纹时，攻螺纹前要在丝锥上作好螺纹深度标记。在攻螺纹过程中，还要经常退出丝锥，清除切屑。当攻比较硬的材料时，可将头、二锥交替使用。

⑤将丝锥轻轻倒转，退出丝锥，注意退出丝雄时不能让丝锥掉下。

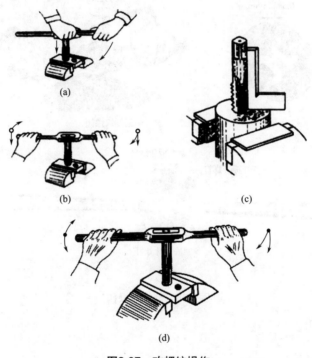

图2-37 攻螺纹操作

4. 攻螺纹的注意事项

①根据工件上螺纹孔的规格，正确选择丝锥，先头锥后二锥，不可颠倒使用。

②工件装夹时，要使孔中心垂直于钳口，防止螺纹攻歪。

③攻钢件上的内螺纹，要加机油润滑，可使螺纹光洁、省力和延长丝锥使用寿命；攻铸铁上的内螺纹可不加润滑剂，或者加煤油；攻铝及铝合金、紫铜上的内螺纹，可加乳化液。

④不要用嘴直接吹切屑，以防切屑飞入眼内。

三、套螺纹

套螺纹是用板牙在圆杆上加工外螺纹的操作。套螺纹用的工具是板牙和板牙架。

1. 板牙和板牙架

板牙有固定的和开缝的（可调的）两种。如图2-38所示为开缝式板牙，其螺纹孔的大小可作微量的调节。套螺纹用的板牙架如图2-38所示。

2. 套螺纹操作步骤

①确定螺杆直径。由于板牙牙齿对材料不但有切削作用，还有挤压作用，所以圆杆直径一般应小于螺纹公称尺寸。可通过查有关表格或用下列经验公式来确定：

圆杆直径 $= d - 0.13P$

式中　d——螺纹外径，mm；

　　　P——螺距，mm。

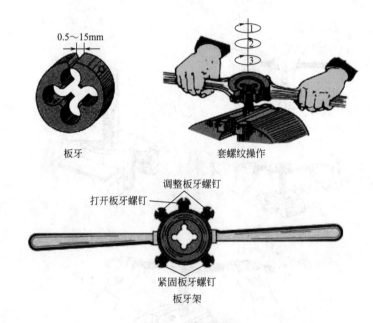

图2-38　套螺纹操作

②将套螺纹的圆杆顶端倒角15°～20°。

③将圆杆夹在软钳口内，要夹正紧固，并尽量低些。

④板牙开始套螺纹时，要检查校正，务使板牙与圆杆垂直，然后适当加压力按顺时针方向扳动板牙架，当切入1～2牙后就可不加压力旋转。同攻螺纹一样要经常反转，使切屑断碎及时排屑。

3. 套螺纹的注意事项

①每次套螺纹前应将板牙排屑槽内及螺纹内的切屑清除干净。

②套螺纹前要检查圆杆直径大小和端部倒角。

③套螺纹时切削转矩很大，易损坏圆杆的已加工面，所以应使用硬木制的V形槽衬垫或用厚铜板作保护片来夹持工件。工件伸出钳口的长度，在不影响螺纹要求长度的前提下，应尽量短。

④套螺纹时，板牙端面应与圆杆垂直，操作时用力要均匀。开始转动板牙时，要稍加压力，套入 3～4 牙后，可只转动而不加压，并经常反转，以便断屑。

⑤在钢制圆杆上套螺纹时要加机油润滑。

技能实训 👆

一、实训目的

掌握钻孔工具、攻螺纹工具、套螺纹工具的使用和操作技能。

二、实训器具材料

划线工具、游标高度尺、游标卡尺、钻头、丝锥、板牙、软钳口、锉刀、扁油刷、机油。

三、实训内容步骤

①观看教师钻头刃磨示范。

②观看教师钻孔示范操作。

③在训练件上进行划线钻孔，达到尺寸要求。

④进行攻螺纹和套螺纹。

四、考核与评价

1. 任务考核

任务考核见表 2-5。

表 2-5 任务考核

项目	评分标准		配分	得分
认识常用钻孔工具	①不能正确认识钻孔工具 ②不能说出工具的基本用途 ③不能检测工具质量好坏	每次扣2分 扣2分 扣2分	20分	
钻孔工具选择与使用	①不能正确选择钻孔工具 ②不能正确使用钻孔工具 ③使用中损坏工具	每次扣5分 每次扣5分 扣10分	50分	
攻螺纹与套螺纹	①不能正确攻螺纹 ②不能进行套螺纹 ③损坏工具	扣5分 扣5分 扣10分	30分	
安全文明生产	违反安全文明生产倒扣10分			

2. 总结与评价

以小组为单位，选择演示文稿、展板、海报、录像等形式中的一种或几种，向全班展示、汇报学习成果，根据表 2-6 进行总结与评价。

表2-6　项目总结与评价

班级：＿＿＿＿＿ 小组：＿＿＿＿＿ 姓名：＿＿＿＿＿		指导教师：＿＿＿＿＿＿＿＿＿＿ 日期：＿＿＿＿＿＿＿＿＿＿＿＿					
评价 项目	评价标准	评价依据	评价方式			权重	得分 小计
			学生 自评 20%	小组 互评 30%	教师 评价 50%		
职业 素养	①遵守企业规章制度、劳动纪律 ②按时按质完成工作任务 ③积极主动承担工作任务，勤学好问 ④人身安全与设备安全	①出勤 ②工作态度 ③劳动纪律 ④团队协作精神				0.6	
创新 能力	①在任务完成过程中能提出自己的有一 定见解的方案 ②在教学或生产管理上提出建议，具有 创新性	①方案的可行性及意义 ②建议的可行性				0.4	
合计							

项目三
电工常用工具与仪表的使用

任务一 电工常用工具的识别与使用

知识目标

1. 熟悉电工常用工具的种类。
2. 掌握电工常用工具的结构与用途。
3. 掌握电工工具使用的安全要求。

能力目标

1. 能够培养学生安全意识、文明生产意识。
2. 能够正确使用电工工具。

素质目标

1. 培养学生查阅资料、自我学习的能力。
2. 培养学生独立思考的能力。
3. 培养学生解决工程问题的能力。
4. 培养学生团队合作能力。
5. 培养学生创新意识与能力。

一、低压验电器

低压验电器是广大电工可以随身携带的常用的一种辅助安全工具，用来检查或判别500V以下线路或各种用电设备的外壳是否带电。习惯称为试电笔、测电笔或电笔，如图3-1所示，被喻为电工的"眼睛"。目前，低压验电笔通常有氖管式验电笔和数字式验电笔两种。

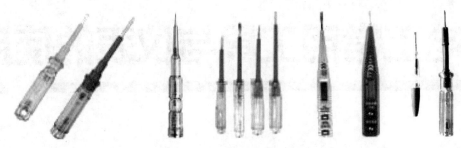

图3-1　几种常用的低压验电器

1. 常用低压验电器的结构和形式

（1）氖管式验电笔结构组成

图3-2为笔式验电器的结构，图3-3为螺丝刀式验电器的结构。

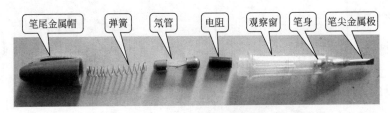

图3-2　笔式验电器的结构

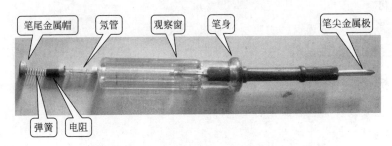

图3-3　螺丝刀式验电器的结构

（2）数字式验电笔结构组成

数字式验电笔由笔尖、笔身、指示灯、电压显示、电压感应通电检测按钮、电压直接检测按钮、电池等组成，如图3-4所示。适用于检测12～220V交、直流电压和各种电器。

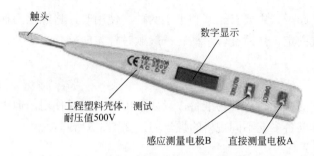

图3-4　数字式验电笔结构

2. 低压验电器的测试原理

当试电笔的笔尖触及带电体时，带电体上的电压经试电笔的笔尖（金属体）、氖泡、安全电阻、弹簧及笔尾端的金属体，再经过人体接入大地形成回路。若带电体与大地之间的电压超过60V，试电笔中的氖泡便会发光，指示被测带电体有电。测电笔中电阻的作用是用来限制流过电流，以免发生危险。正常测试时流过人体的电流通常不到1mA，不会造成对人体的伤害。

3. 低压验电器的用途

表3-1为低压验电器的用途。

表3-1　低压验电器的用途

项目	判断方法与标准
判别金属设备外壳是否漏电	用验电笔的笔尖端接触被测金属外壳，另一端则通过人体接地，若果设备漏电则验电笔会发光
判别交流和直流电	用电笔进行测试时，如果验电笔氖泡中的两个极都发光，就是交流电；而直流电通过时氖泡里两个极中只有一个极发光
判断直流电的正负极	把验电笔跨接在直流电的正、负极之间，氖泡发亮的一端是负极，不发亮的一端是正极
区分相线和零线	在单相供电回路中，验电笔接触相线时会发亮，触及零线时不发亮
判断交流电的同相和异相	利用了测电笔中氖泡两极间电压差值与其发光强弱成正比的原理来进行判别。两手各持一支验电笔，站在绝缘体上，将两支笔同时触及待测的两条导线，如果两支验电笔的氖泡均不太亮，则表明两条导线是同相；若发出很亮的光说明是异相
判断直流是否接地	在对地绝缘的直流系统中，可站在地上用测电笔接触直流系统中的正极或负极，如果测电笔氖泡不亮，则没有接地现象。如果氖泡发亮，则说明有接地现象，其发亮如在笔尖端，则说明为正极接地。如发亮在手指端，则为负极接地
判断电压的高低	如果氖管灯光发亮至黄红色，则电压较高；如氖管发暗微亮至暗红，则电压较低

[安全操作]

①试电笔前端应加护套，防止在测试中因测电笔金属杆引起相线之间及相线对地短路。

②因氖管亮度较低，强光下验电时，应采取遮挡措施，以防误判。

③螺丝刀式试电笔的刀体只能承受很小的转矩，一般不可作螺钉旋具使用。

④测电笔的绝缘电阻小于1MΩ的不能使用。

二、螺丝刀（旋具）

一种用来紧固或旋松螺钉的工具，头部的一字或十字楔形头，可插入螺丝钉头的槽缝或凹口内，又称改锥、起子。主要有一字和十字两种。使用时，将螺丝刀拥有特化形状的端头对准螺丝的顶部凹坑固定，然后旋转手柄。一般顺时针方向旋转为旋紧，逆时针方向旋转则为松出。

（1）普通螺丝刀

头、柄做在一起的螺丝刀，容易准备，只要拿出来就可以使用，但由于螺丝有很多种不同长度和粗度，需要准备多支不同规格的螺丝刀，如图3-5所示。

图3-5　普通螺丝刀

（2）组合型螺丝刀

螺丝刀的头和柄是分开的，如图3-6所示，针对不同类型的螺钉时，只需更换螺丝批头就可以，不需要带备大量螺丝刀，可以节省空间，但这样却容易遗失螺丝刀头。

（3）电动螺丝刀

是以电动马达代替人手安装和移除螺钉，通常是组合螺丝刀，如图3-7所示。

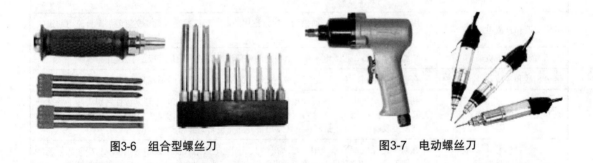

图3-6　组合型螺丝刀　　　　　　　　图3-7　电动螺丝刀

[安全操作]

①电工不可使用金属杆直通的旋具，否则容易造成触电事故。

②使用旋具紧固和拆卸带电的螺钉时，手不得触及旋具的金属杆，以免触电。为了避免旋具的金属杆触及临近带电体，应在金属杆上套上绝缘套管。

③使用较长的旋具时，可用右手压紧并旋转手柄，左手握住旋具中间部分，以使旋具刀口不致滑脱。此时左手不得放在螺钉的周围，以免旋具刀口滑出时将手划伤。

三、钢丝钳

钢丝钳是在电工操作中使用最多的一种电工钳，主要用途就是夹持元件、剪切金属线、弯折金属线或金属片、开剥绝缘导线的绝缘层等。如图3-8所示为几种常见的钢丝钳。

图3-8 几种常见的钢丝钳

1. 钢丝钳的结构

常用的有铁柄（表面发黑或镀铬）和绝缘柄（耐压500V）两种，规格长度有150mm、175mm、200mm、250mm。其结构及各部分名称如图3-9所示。

2. 钢丝钳的基本功能

钳口可以弯铰和钳夹导线线头；齿口用来紧固或起松螺母；刀口用来剪切或剖削软导线绝缘层；铡口用来铡切导线线芯、钢丝或铅丝等较硬金属丝，如图3-10所示。

图3-9 钢丝钳的结构

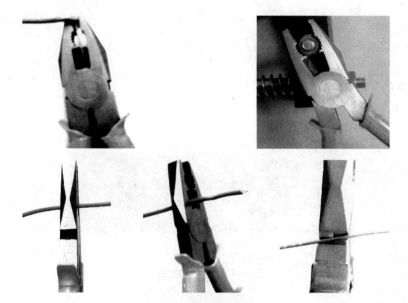

图3-10 钢丝钳的基本功能

[安全操作]

①带电操作时，手距离金属部位应该保持在2cm以上，以保证安全。

②带电剪切导线时，必须单根剪切，以避免发生短路事故。

③转轴部位注油以防生锈。

④不可替代锤子进行敲打操作。

四、扳手

常用扳手有固定扳手、套筒扳手、活动扳手三类。

①固定扳手常用于固定或拆卸方形螺母、螺栓，如图3-11所示。

图3-11　常见固定扳手

图3-12　套筒扳手

②套筒扳手一般称为套筒，它是由多个带六角孔或十二角孔的套筒并配有手柄、接杆等多种附件组成，特别适用于拧转地位十分狭小或凹陷很深处的螺栓或螺母，如图3-12所示。

③活络扳手又叫活扳手，是一种旋紧或拧松六角螺丝钉或螺母的工具。其卡口可在规格所定范围内任意调整大小。电工常用的有150mm、200mm、250mm三种，使用时应根据螺母的大小选配。常见的活扳手如图3-13所示。

图3-13　常见的活扳手

2. 活扳手的结构

图3-14为活扳手的结构。

图3-14　活扳手的结构

[安全操作]

①在拧不动时，切不可采用钢管套在活络扳手的手柄上来增加扭力，因为这样极易损伤活络扳唇。

②不可把活扳手当做锤子用。

五、电工刀

电工刀是电工常用的一种切削工具，用于剖削电线绝缘层、在施工现场切削圆木与木槽板或塑料槽板的吻接凹槽及削制木榫、竹榫。

普通的电工刀由刀片、刀刃、刀柄、刀挂等构成发，其结构如图3-15所示。

如图3-16所示为常见的几种电工刀。

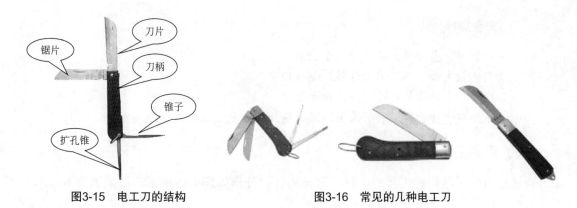

图3-15 电工刀的结构　　　　　　图3-16 常见的几种电工刀

[安全操作]

①使用电工刀时应避免伤手，不得传递刀身未折进刀柄的电工刀。

②电工刀用毕，随时将刀身折进刀柄。

③电工刀刀柄无绝缘防护，不能用于带电作业，以免触电。

六、斜嘴钳

斜嘴钳又名斜口钳，主要用于剪切导线、元器件多余的引线，还常用来代替一般剪刀剪切绝缘套管、尼龙扎线卡等。常见的斜嘴钳如图3-17所示。

图3-17 常见的几种斜嘴钳

[安全操作]

①禁止当做普通钳子带电作业。

②剪切紧绷的钢丝或金属，必须做好防护措施，防止被剪断的钢丝弹伤。

③不能将钳子作为敲击工具使用。

七、尖嘴钳

尖嘴钳是一种常用的必备的电工工具，又叫做修口钳、尖头钳。它是由尖头、刀口和钳柄组成，电工用尖嘴钳的材质一般由45钢制作，有一定的韧性硬度。钳柄上套有额定电压500V的绝缘套管。主要是用来剪切线径较细的单股与多股线，以及给单股导线接头弯圈、剥塑料绝缘层等，能在较狭小的工作空间操作，不带刃口者只能夹捏工作，带刃口者能剪切细小零件。常见的尖嘴钳如图3-18所示。

图3-18 常见的几种尖嘴钳

[安全操作]

①操作时，手距离金属部分大于2cm。

②钳头较尖细，不可用力过猛，造成损坏。

③经常检查绝缘柄是否完好，防止触电。

④不用尖嘴钳时，应表面涂上润滑防锈油，以免生锈，或者钳轴发涩。

八、剥线钳

剥线钳为电工常用的工具的一种，常见剥线钳外形如图3-19所示。用来剥除4mm²以下的塑料、橡胶绝缘电线、电缆芯线的绝缘。

图3-19　常见的几种剥线钳

剥线钳是由剥线口、刀口、钳口、弹簧和钳柄组成。剥线口标有适用的导线规格，剥线钳的钳柄上套有额定工作电压500V的绝缘套管，如图3-20所示。

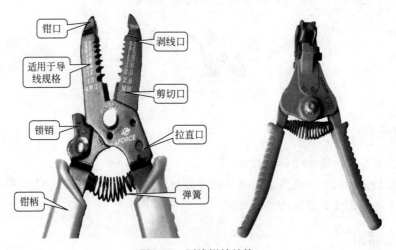

图3-20　剥线钳的结构

九、电动工具

电工常用的电动工具有手电钻、电锤、冲击钻等。

1. 手电钻

手电钻就是以交流电源或直流电池为动力的钻孔工具，是手持式电动工具的一种，其外形如图3-21所示。手电钻广泛用于建筑、装修、家具等行业。

2. 电锤

电锤是在电钻的基础上，增加了一个由电动机带动有曲轴连杆的活塞，在一个汽缸内往复压缩空气，使汽缸内空气压力呈周期变化，变化的空气压力带动汽缸中的击锤往复打击钻头的顶部，相当于用锤子敲击钻头，故名电锤。其主要用途是在墙面、混凝土、石材上面进行打孔，还有多功能电锤，调节到适当位置配上适当钻头可以代替普通电钻、电镐使用，其外形如图3-22所示。高档电锤可以利用转换开关，使电锤的钻头处于三种不同的工作状态，即：只转动不冲击、只冲击不转动、既冲击又转动。

图3-21 手电钻、钻头

图3-22 电锤

[安全操作]

（1）使用电锤时的个人防护

①操作者要戴好防护眼镜，以保护眼睛，当面部朝上作业时，要戴上防护面罩。

②长期作业时要塞好耳塞，以减轻噪声的影响。

③长期作业后钻头处在灼热状态，在更换时应注意以免灼伤肌肤。

④作业时应使用侧柄，双手操作，防止堵转时反作用力扭伤胳膊。

⑤站在梯子上工作或高处作业应做好高处坠落措施，梯子应有地面人员扶持。

（2）作业前应注意事项

①确认现场所接电源与电锤铭牌是否相符，是否接有漏电保护器。

②钻头与夹持器应适配，并妥善安装。

③钻凿墙壁、天花板、地板时，应先确认有无埋设电缆或管道等。

④在高处作业时，要充分注意下面的物体和行人安全，必要时设警戒标志。

⑤确认电锤上开关是否切断，若电源开关接通，则插头插入电源插座时电动工具将出其不意地立刻转动，从而可能招致人员伤害。

⑥若作业场所在远离电源的地点，需延伸线缆时，应使用容量足够、安装合格的延伸线缆。延伸线缆如通过人行过道应高架或做好防止线缆被碾压损坏的措施。

3. 冲击钻

冲击钻电机电压有着0～230V与0～115V两种不同的电压，控制微动开关的离合，取得电机快慢两级不同的转速，配备了顺逆转向控制机构、松紧螺钉和攻牙等功能。主要适用于对混凝土地板、墙壁、砖块、石料、木板和多层材料上进行冲击打孔；另外 还可以在木材、金属、陶瓷和塑料上进行钻孔和攻牙而配备有电子调速装备作顺/逆转等功能。其外形如图3-23所示。

图3-23 冲击钻

[安全操作]

①工作时务必要全神贯注，不但要保持头脑清醒，更要理性地操作电动工具，严禁疲惫、酒后或服用兴奋剂、药物之后操作机器。

②冲击外壳必须有接地线或接中性线保护。

③电钻导线要完好，严禁乱拖，防止轧坏、割破。严禁把电线拖置在油水中，防止油水腐蚀电线。

④检查其绝缘是否完好，开关是否灵敏可靠。

⑤装夹钻头用力适当，使用前应空转几分钟，待转动正常后方可使用。

⑥钻孔时应使钻头缓慢接触工件，不得用力过猛，折断钻头，烧坏电机。

⑦注意工作时的站立姿势，不可掉以轻心。

⑧操作机器时要确保立足稳固，并要随时保持平衡。

⑨在干燥处使用电钻，严禁戴手套，防止发生意外。在潮湿的地方使用电钻时，必须站在橡皮垫或干燥的木板上，以防触电。

⑩使用中如发现电钻漏电、振动、高温过过热时，应立即停机待冷却后再使用。

⑪电钻未完全停止转动时，不能卸、换钻头，出现异常时其他任何人不得自行拆卸、装配，应交专人及时修理。

⑫停电、休息或离开工作地时，应立即切断电源。

⑬如用力压电钻时，必须使电钻垂直，而且固定端要牢固可靠。

⑭中途更换新钻头，沿原孔洞进行钻孔时，不要突然用力，防止折断钻头发生意外。

⑮在潮湿的地方使用冲击钻工作时，必须站在绝缘垫或干燥的木板上进行。登高或在防爆等危险区域内使用必须做好安全防护措施。

⑯不许随便乱放。工作完毕时，应将电钻及绝缘用品一并放到指定地方。

十、电烙铁

电烙铁是手工焊接的主要工具，是通过加热使铅锡焊料熔化后，借助焊剂的作用，在被焊金属表面形成合金点而达到永久性连接。常用电烙铁分内热式和外热式两种。内热式电烙铁的烙铁头在电热丝的外面，这种电烙铁加热快且重量轻。外热式电烙铁的烙铁头是插在电热丝里面，它加热虽然较慢，但相对讲比较牢固。电烙铁直接用220V交流电源加热，电源线和外壳之间应是绝缘的，电源线和外壳之间的电阻应是大于200Ω。如图3-24所示为各种电烙铁，电烙铁常用规格有15W、25W、45W、75W、100W、300W等。

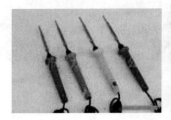  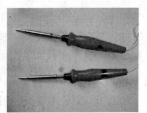

图3-24　常用电烙铁

1. 选择电烙铁

电烙铁的选择应从以下四个方面考虑。

①电烙铁的结构形式和烙铁头的形状，被焊元件的热敏特性，操作者方便。比如，焊接印刷电路板上的无线电元件应采用20～35W的内热式电烙铁。

②焊接小线径线头应选择35～75W的电烙铁；焊接大线径线头的应选用100W以上的外热式电烙铁。

③若是需要拆焊，则可以选择吸焊电烙铁。

④通常的电工操作中，电机绕组等强电设备元件的焊接常用45W以上的电烙铁。电子元件的焊接常用20W和25W的电烙铁。

2. 电烙铁使用方法

电烙铁的握法有三种，如图3-25所示。反握法动作稳定，长时间操作不宜疲劳，适于大功率烙铁的操作。正握法适于中等功率烙铁或带弯头电烙铁的操作。一般在操作台上焊印制板等焊件时多采用握笔法。

使用电烙铁要配置烙铁架，一般放置在工作台右前方，电烙铁用后一定要稳妥放置在烙铁架上，见图3-26，并注意导线等物不要碰烙铁头，以免被烙铁烫坏绝缘后发生短路。

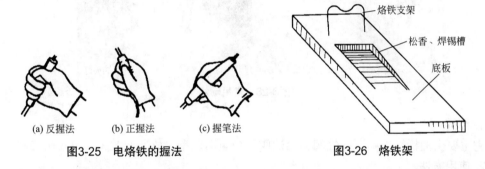

(a) 反握法　　(b) 正握法　　(c) 握笔法

图3-25　电烙铁的握法　　　　　　　**图3-26　烙铁架**

焊锡丝一般有两种拿法，如图3-27所示。由于焊丝成分中，铅占一定比例，众所周知铅是对人体有害的重金属，因此操作时应戴手套或操作后洗手，避免食入。

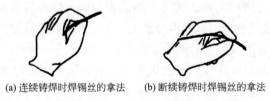

(a) 连续铸焊时焊锡丝的拿法　　(b) 断续铸焊时焊锡丝的拿法

图3-27　焊锡丝的拿法

[安全操作]

①新买的烙铁在使用之前必须先给它蘸上一层锡（给烙铁通电，然后在烙铁加热到一定的时候就用锡条靠近烙铁头），使用久了的烙铁将烙铁头部锉亮，然后通电加热升温，并将烙铁头蘸上一点松香，待松香冒烟时再上锡，使在烙铁头表面先镀上一层锡。

②电烙铁通电后温度高达250℃以上，不用时应放在烙铁架上，但较长时间不

用时应切断电源，防止高温"烧死"（被氧化）烙铁头。要防止电烙铁烫坏其他元器件，尤其是电源线，若其绝缘层被烙铁烧坏而不注意便容易引发安全事故。

③不要把电烙铁猛力敲打，以免震断电烙铁内部电热丝或引线而产生故障。

④电烙铁使用一段时间后，可能在烙铁头部留有锡垢，在烙铁加热的条件下，我们可以用湿布轻擦。如有出现凹坑或氧化块，应用细纹锉刀修复或者直接更换烙铁头。

十一、喷灯

喷灯是一种利用喷射火焰对工件进行加热的工具，常用来焊接铅包电缆的铅包层、大截面铜线连接处的搪锡以及其他连接表面的防氧化镀锡等。喷灯根据所用燃料不同分为燃气喷灯、煤油喷灯、汽油喷灯，如图3-28所示。

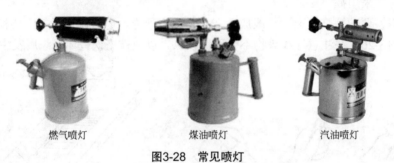

燃气喷灯　　　　　　煤油喷灯　　　　　　汽油喷灯

图3-28　常见喷灯

1. 结构
它主要由油桶、手柄、打气阀、加油阀、预热燃烧盘、放油调节阀和喷头组成。

2. 使用方法
使用喷灯时一定要严格遵守操作安全规程。使用步骤如下。

①检查。检查喷灯喷嘴是否通畅，检查喷灯油桶及各处有无漏气。

②加油。加油前先将周围的明火关掉，然后将油阀上的螺钉旋松，放气后再旋开加油。加油时，控制油量不要超过桶体容积的四分之三，加完油后将螺钉旋紧，防止漏油或者挥发。

③预热。将少许油倒在预热盘的棉纱上点燃，对喷嘴进行预热。

④打气。预热一会儿后，在预热盘的火焰未熄灭之前，用打气阀打气3～5次，将放油阀旋松，喷出油雾，喷灯点燃开始喷火。

⑤喷火。喷灯点燃后，继续打气，直到喷火正常。

⑥熄火。喷灯熄火时，应首先关闭放油调节阀，直至火焰熄灭，然后旋松加油口螺钉，放出有桶内的压缩空气，最后旋紧加油口螺钉，交保管员保管。

[安全提示]

①喷灯在加、放油及检修过程中，均应在熄火后进行。加油时，应将油阀上螺栓先慢慢放松，待气体放尽后方能开盖加油。

②煤油喷灯筒体内不得掺加汽油。

③喷灯使用过程中，应注意筒体的油量，一般不得少于筒体容积的1/4。

④打气压力不应过高。打完气后，应将打气柄卡牢在泵盖上。

⑤喷灯工作时，应注意火焰与带电体之间的安全距离，距离10kV以下带电体应大于1.5m；10kV以上带电体应大于3m。

技能实训

一、实训目标

掌握电工常用工具的使用技巧。

二、实训器材

电工常用工具、单相交流电源、木板、木螺钉、接触器、导线等。

三、训练内容步骤

1. 低压验电器的使用

操作步骤如下。

（1）检查低压验电器的好坏

使用前，先从外观检查低压验电器的好坏。其次，在已知带电体上试验，以鉴定试电笔是否完好，试电笔完好时方可使用，以防判断失误而触电。

（2）区分插座中的相线与零线

①低压验电器的握笔方法。不正确的操作如图3-29所示，正确的握法如图3-30所示。

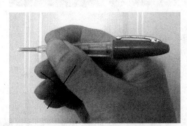 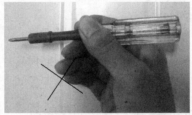

图3-29 不正确的操作

②测试方法。笔尖触到测试孔上，手接触测电笔的尾部，如图3-30所示。如果测电笔的氖管发光，则为相线；若氖管不发光，则为零线。

2. 螺丝刀使用

操作步骤如下。

①根据不同的螺钉选择合适的螺丝刀。

②大螺丝刀一般用来紧固较大的螺钉。使用时除大拇指、食指和中指要夹住握柄外，手掌还要顶住柄的末端，这样就可以防止旋具转动时滑脱，如图3-31所示。

图3-30 插座测试

③小螺丝刀一般用来紧固电气装置接线柱头上的小螺钉，使用时，可用手指顶住木柄的末端捻转，如图3-32所示。

图3-31　大螺丝刀的使用方法　　　　图3-32　小螺丝刀的使用方法

3. 活扳手的使用

操作步骤如下。

①使用时，右手握手柄。手越靠后，扳动起来越省力。扳动小螺母时，因需要不断地转动蜗轮以调节扳口的大小，所以手应握在靠近呆扳唇，并用大拇指调整蜗轮，以适应螺母的大小。活扳手的握法如图3-33所示。

握法　　　　　　　　　　　　调整

图3-33　活扳手的握法

②活络扳手的扳口夹持螺母时，呆扳唇在上，活扳唇在下，如图3-34所示。活扳手切不可反过来使用，如图3-35所示。

拧紧方向　　　　　　　　　　拧紧方向

图3-34　活扳手的使用　　　　图3-35　活扳手的错误操作

③在扳动生锈的螺母时，可在螺母上滴几滴煤油或机油，这样就好拧动了。

4. 电工刀安全使用

操作步骤如下。

①电工刀的打开、握法、收起方法如图3-36所示。

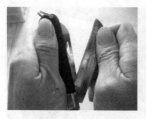

图3-36　电工刀的打开、握法、收起方法

②用电工刀剖削电线绝缘层如图3-37所示。

图3-37　用电工刀剖削电线绝缘层

③用电工刀在施工现场切削塑料槽板。

④多功能电工刀还可以削制木榫、锯割木条、锥洞、扩孔等。

5. 尖嘴钳的安全使用

操作步骤如下。

①用尖嘴钳的刀口剪断细小金属丝。

②使用尖嘴钳夹持较小螺钉、垫圈、导线等元件。

③装接控制线路中，用尖嘴钳将单股导线弯成所需的各种形状，如羊眼圈等。

操作时一般用右手进行，握住尖嘴钳的两个手柄，开始加持或剪切工作。操作方法如图3-38所示。

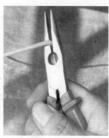

图3-38　尖嘴钳的使用方法

6. 剥线钳安全使用

操作步骤如下。

①根据线芯直径选择剥线口直径。

②将导线要剥削的绝缘层长度用标尺定好后，即可把导线放入相应的刀口中。

③用手将两钳柄一握紧，然后一松，绝缘皮便与芯线脱开，且自动弹出，如图3-39所示。

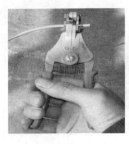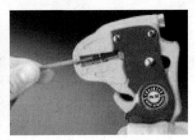

图3-39 剥线钳的使用

7. 手电钻的使用

操作步骤如下。

①操作前必须查看电源是否与电动工具上的常规额定220V电压相符，以免错接到380V的电源上。

②使用手电钻前请仔细检查机体绝缘防护、辅助手柄等情况，机器有无螺钉松动现象。

③按图3-40所示，练习钻孔技术。

图3-40 手电钻的操作

8. 电烙铁的使用

操作步骤如下。

①电烙铁的检测。使用万用表检测电烙铁的质量好坏。

②手工电烙铁焊接的基本步骤，如图3-41所示。

a. 准备施焊。准备好焊锡丝和烙铁。此时特别强调的施烙铁头部要保持干净，即可以沾上焊锡（俗称吃锡）。

b. 加热焊件。将烙铁接触焊接点，注意首先要保持烙铁加热焊件各部分，例如印制板上引线和焊盘都使之受热，其次要注意让烙铁头的扁平部分（较大部分）接触热容量较大的焊件，烙铁头的侧面或边缘部分接触热容量较小的焊件，以保持焊件均匀受热。

c. 熔化焊料。当焊件加热到能熔化焊料的温度后将焊丝置于焊点，焊料开始熔化并润湿焊点。

d. 移开焊锡。当熔化一定量的焊锡后将焊锡丝移开。

e. 移开烙铁。当焊锡完全润湿焊点后移开烙铁，注意移开烙铁的方向应该是大致45°的方向。

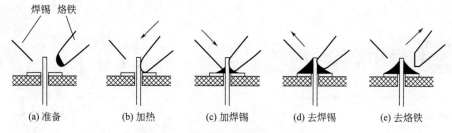

图3-41 手工电烙铁焊接的基本步骤

四、考核与评价

1. 任务考核

任务考核见表3-2。

表3-2 任务考核

项目	评分标准		配分	得分	
认识电工工具	①不能正确认识工具 ②不能说出工具的基本用途 ③不能检测工具质量好坏	每次扣2分 扣2分 扣2分	20分		
工具选择与使用	①不能正确选择工具 ②不能正确使用工具 ③使用中损坏工具	每次扣5分 每次扣5分 扣10分	80分		
安全文明生产	违反安全文明生产倒扣10分				

2. 总结与评价

以小组为单位，选择演示文稿、展板、海报、录像等形式中的一种或几种，向全班展示、汇报学习成果，根据表3-3进行总结与评价。

表3-3 项目总结与评价

班级：_____ 小组：_____ 姓名：_____		指导教师：_____ 日期：_____					
评价项目	评价标准	评价依据	评价方式			权重	得分小计
			学生自评 20%	小组互评 30%	教师评价 50%		
职业素养	①遵守企业规章制度、劳动纪律 ②按时按质完成工作任务 ③积极主动承担工作任务，勤学好问 ④人身安全与设备安全	①出勤 ②工作态度 ③劳动纪律 ④团队协作精神				0.6	
创新能力	①在任务完成过程中能提出自己的有一定见解的方案 ②在教学或生产管理上提出建议，具有创新性	①方案的可行性及意义 ②建议的可行性				0.4	
合计							

任务二 万用表的使用

知识目标

1. 认识万用表及结构。
2. 掌握万用表的使用方法。
3. 掌握万用表的日常维护。

能力目标

1. 能够培养学生安全意识、文明生产意识。
2. 能够正确使用万用表。

素质目标

1. 培养学生查阅资料、自我学习的能力。
2. 培养学生独立思考的能力。
3. 培养学生解决工程问题的能力。
4. 培养学生团队合作能力。
5. 培养学生创新意识与能力。

基础知识

万用表是电工必备的测试工具,它具有测量电流、电压和电阻等多种功能。

一、万用表的结构

万用表种类很多,外形各异,但基本结构和使用方法是相同的。常用的有模拟式和数字式两种,如图3-42所示。如图3-43和图3-44所示为MF500型和MF47型万用表的结构组成示意图,其MF500型万用表主要组成部分的作用见表3-4。

图3-42 数字式和模拟式万用表

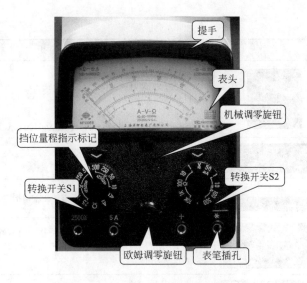

图3-43　MF500型万用表的结构

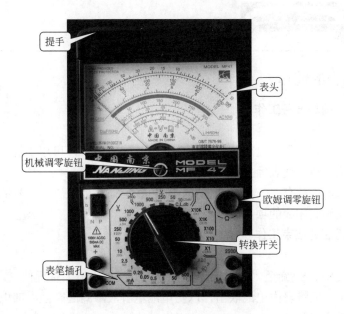

图3-44　MF47型万用表的结构

表3-4　MF500型万用表主要组成部分的作用

名称	实物图	作用
表头		表头的表盘上印有多种符号，刻度线和数值
转换开关S1		多挡位的旋转开关1： 测量挡位：交流电流A、直流电流A、电阻Ω 量程： 交流电压：10V、50V、250V、500V 直流电压：2.5V、10V、50V、250V、500V

名称	实物图	作用
转换开关S2		多挡位的旋转开关2： 测量挡位：交直流电压V、关闭位置· 量程： 电阻挡：×1、×10、×100、×1k、×10k 直流电流挡：50μA、1 mA、10 mA、100 mA、500mA
指示标记		转换开关指示位置标记
机械调零旋钮		机械零位调整旋钮，用以校正指针在左端指零位
欧姆调零旋钮	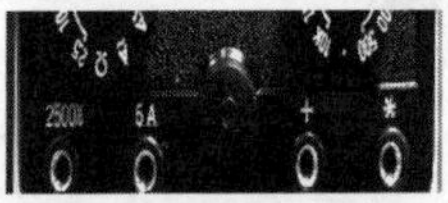	将转换开关置于Ω挡，将两表笔短接调整欧姆挡零位调整旋钮，使表针指向电阻刻度线右端的零位。若指针无法调到零点，说明表内电池电压不足，应更换电池
表笔插孔		表笔测量插孔，对应不同的测量项目表笔要与插孔对应
提手		方便携带，用手提起

二、万用表的使用

1. 万用表使用前的准备工作

①万用表水平放置。

②应检查表针是否停在表盘刻度线左端的零位。如有偏离，可用小螺丝刀轻轻转动表头上的机械零位调整旋钮，使表针指零。

③将红色表笔插入标有"＋"号的插孔，黑色表笔插入标有"＊"号的插孔。

④将选择开关旋到相应的项目和量程上。

2. 万用表使用后的结束工作

①拔出表笔。

②将选择开关S1、S2旋至"·"位，或者旋至交流电压最大量程位置。

③若长期不用，应将表内电池取出，以防电池电解液渗漏而腐蚀内部电路。

3. 万用表的使用步骤

①看：拿起表笔看挡位。

②扳：对准量程扳到位。

③试：表笔轻触试量程。

④测：量程合适读准数。

⑤复位：测量完毕即复位。

4. 万用表操作

（1）测量直流电压的步骤

①测试直流电源，如图3-45所示。

②选择挡位量程，如图3-46所示。S1扳到50V量程，S2扳到V挡；若不清楚电压大小，应先用最高电压挡测量，逐渐换用低电压挡。

图3-45　测试直流电源

图3-46　万用表转换开关

③将正负表笔分别接触直流电源的正负两极，如图3-47所示。

④根据指针指示，正确读出电压数值，如图3-48中读数为38V。

图3-47　万用表表笔接触电源

图3-48　万用表指示测量数值

⑤测量完毕，断开电源，将万用表复位。

（2）测量直流电流的步骤

①万用表串接在被测电路中，如图3-49所示。注意被测电量极性，红表笔应接电源正极，黑表笔接电源负极。

②按照如上图测量流过发光二极管的电流。

③选择量程，如图3-50所示。万用表直流电流挡有50μA、1mA、10mA、100mA、500mA五挡量程。选择量程，应根据电路中的电流大小。如不知电流大小，应选用最大量程。

图3-49　万用表测量发光二极管电流

图3-50　选择万用表的挡位

④正确读数，如图3-51所示，直流电流挡刻度线为第二条，可读第二行数字然后乘10即可。

⑤测量完毕，将万用表复位。

（3）用万用表测量交流电压的方法

①选择电压挡位，如图3-52所示。

②两表笔插入待测插座，如图3-53所示。

③读取数值，如图3-54所示。

图3-51 测量数值

图3-52 挡位开关位置

图3-53 两表笔插入待测插座

图3-54 测量数值指示

（4）用万用表测量电阻的方法

1）万用表欧姆挡可以测量导体的电阻。欧姆挡用"Ω"表示，分为$R\times1$、$R\times10$、$R\times100$和$R\times1k$四挡。有些万用表还有$R\times10k$挡。使用万用表欧姆挡测电阻，除前面讲的使用前应做到的要求外，还应遵循以下步骤。

①将选择开关置于$R\times100$挡，将两表笔短接调整欧姆挡零位调整旋钮，使表针指向电阻刻度线右端的零位，如图3-55所示。若指针无法调到零点，说明表内电池电压不足，应更换电池。

图3-55 电阻调零

②用两表笔分别接触被测电阻两引脚进行测量，如图3-56所示。正确读出指针所指电阻的数值，再乘以倍率（$R\times100$挡应乘100，$R\times1k$挡应乘1000，…），就是被测电阻的阻值，如图3-57所示。

图3-56 测量电阻时的表笔

图3-57 测量电阻时的指示值

③为使测量较为准确，测量时应使指针指在刻度线中心位置附近。若指针偏角较小，应换用$R\times1k$挡，若指针偏角较大，应换用$R\times10$挡或$R\times1$挡。每次换挡后，应再次调整欧姆挡零位调整旋钮，然后再测量。

④测量结束后，应拔出表笔，将选择开关置于"OFF"挡或交流电压最大挡位，收好万用表。

2）测量电阻时应注意以下几点。

①被测电阻应从电路中拆下后再测量。

②两只表笔不要长时间碰在一起。

③两只手不能同时接触两根表笔的金属杆、或被测电阻两根引脚，最好用右手同时持两根表笔。

④长时间不使用欧姆挡，应将表中电池取出，如图3-58所示。

图3-58 MF500型万用表电池盒

5. 万用表安全使用

①在测电流、电压时，不能带电换量程。

②选择量程时，要先选大的，后选小的，尽量使被测值接近于量程。

③测电阻时，不能带电测量，以免损坏仪表。

④使用用毕，应使转换开关在交流电压最大挡位或空挡上。

⑤注意在欧姆表改换量程时，需要进行欧姆调零，无需机械调零。

技能实训

一、实训目标

掌握万用表的使用方法。

二、实训器材

直流电源、MF500型万用表、电池、发光二极管、电阻等。

三、实训内容步骤

使用万用表测量电量。

①测量直流电压。

②测量直流电流。

③用万用表测量交流电压。

④用万用表测量电阻。

四、考核与评价

1. 任务考核

任务考核见表3-5。

表3-5 任务考核

项目	评分标准		配分	得分
认识万用表	①不能正确说出万用表的各组成部分 ②不能正确拆装万用表	每次扣5分 扣5分	40分	
万用表的使用	①不能正确选择挡位 ②不能正确读数 ③操作方法不正确 ④不会维护万用表	每次扣2分 每次扣2分 每次扣2分 扣5分	60分	
安全文明生产	违反安全文明生产倒扣10分			

2. 总结与评价

以小组为单位，选择演示文稿、展板、海报、录像等形式中的一种或几种，向全班展示、汇报学习成果，根据表3-6进行总结与评价。

表3-6 项目总结与评价

班级：_____ 小组：_____ 姓名：_____		指导教师：_____ 日期：_____					
评价项目	评价标准	评价依据	评价方式			权重	得分小计
			学生自评 20%	小组互评 30%	教师评价 50%		
职业素养	①遵守企业规章制度、劳动纪律 ②按时按质完成工作任务 ③积极主动承担工作任务，勤学好问 ④人身安全与设备安全	①出勤 ②工作态度 ③劳动纪律 ④团队协作精神				0.6	
创新能力	①在任务完成过程中能提出自己的有一定见解的方案 ②在教学或生产管理上提出建议，具有创新性	①方案的可行性及意义 ②建议的可行性				0.4	
合计							

任务三 钳形电流表的使用

知识目标

1. 认识钳形电流表及结构原理。
2. 掌握钳形电流表的使用方法。
3. 掌握钳形电流表的日常维护。

能力目标

1. 能够培养学生安全意识、文明生产意识。
2. 能够正确使用钳形电流表。

素质目标

1. 培养学生查阅资料、自我学习的能力。
2. 培养学生独立思考的能力。
3. 培养学生解决工程问题的能力。
4. 培养学生团队合作能力。
5. 培养学生创新意识与能力。

基础知识

在电气工作中，常常需要测量用电设备、电力导线的负荷电流值。通常在测量电流时，需将被测电路断开，将电流表或电流互感器的原边串接到电路中进行测量。为了在不断开电路的情况下测量电流，就需要使用钳形电流表。钳形电流表又称为钳表、卡表，它是测量交流电流的专用电工仪表。它的最大特点是能够在线路不停电的情况下随时测量电流，并且携带使用起来比较简单方便，所以在电气工作中得到广泛应用。钳形电流表只限于被测线路电压不超过500V的情况下使用。

一、钳形电流表结构和工作原理

钳形电流表主要是由电流互感线圈与电流表组成，利用互感线圈产生的感应电流通过电流表读出，如图3-59所示。

钳形电流表一般可分为磁电式和电磁式两类。其中测量工频交流电的是磁电式，而电磁式为交、直流两用式。

1. 磁电式钳形电流表结构（图3-60）

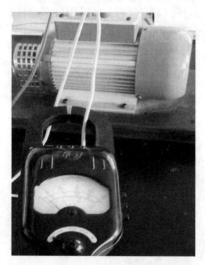

图3-59　钳形电流表测量电动机电流

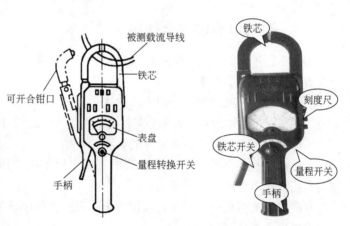

图3-60　磁电式钳形电流表结构

磁电式钳形电流表主要由一个特殊电流互感器、一个整流磁电系电流表及内部线路等组成。一般常见的型号为T301型和T302型。T301型钳形电流表只能测量交流电流，而T302型即可测交流电流也可测交流电压。此外还有常见的交、直流两用袖珍钳形电流表，如图3-61所示。

2. 钳形电流表的工作原理

钳形电流表的工作原理是以电流互感器

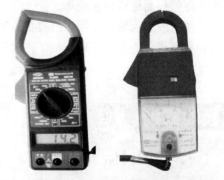

图3-61　常见的交、直流两用袖珍钳形电流表

工作原理为基础的，握紧钳形电流表扳手时，电流互感器的铁芯可以张开，将被测电流的导线进入钳口内部作为电流互感器的一次绕组。当放松扳手铁芯闭合后，根据互感器的原理而在其二次绕组上产生感应电流，电流表指针偏转，从而指示出被测电流的数值。

二、钳形电流表的使用步骤

①根据被测电流的种类电压等级正确选择钳形电流表。对于交流500 V以下的线路，选用T301型。测量高压线路的电流时，应选用与其电压等级相符的高压钳形电流表。

②正确检查钳形电流表的外观情况，钳口闭合及表头情况等是否正常。若指针没在零位，应进行机械调零。

图3-62　测量时钳口内绕3匝

③根据被测电流大小来选择合适的钳型电流表的量程。选择的量程应稍大于被测电流数值。若不知道被测电流的大小，应先选用最大量程估测。对于5A以下小电流，为了读数准确，可在钳口内多绕几匝来测量，实际电流为读数值除以匝数，如图3-62所示。

④正确测量。测量时，应按紧扳手，使钳口张开，将被测导线放入钳口中央，松开扳手并使钳口闭合紧密。

⑤读数后，将钳口张开，将被测导线退出，将挡位置于电流最高挡或OFF挡。

三、钳形电流表安全使用

①由于钳形电流表要接触被测线路，所以测量前一定检查表的绝缘性能是否良好。即外壳无破损，手柄应清洁干燥。

②测量时，应戴绝缘手套或干净的线手套。

③测量时，应注意身体各部分与带电体保持安全距离（低压系统安全距离为0.1～0.3 m）。

④钳形电流表不能测量裸导体的电流。

⑤严格按电压等级选用钳形电流表：低电压等级的钳形电流表只能测低压系统中的电流，不能测量高压系统中的电流。

⑥严禁在测量进行过程中切换钳形电流表的挡位；若需要换挡时，应先将被测导线从钳口退出再更换挡位。

⑦每次测量完毕后一定要把调节开关放在最大电流量程的位置，以防下次使用时，由于未经选择量程而造成仪表损坏。

⑧要有专人保管，不用时应存放在环境干燥、温度适宜、通风良好、无强烈振动、无腐蚀性和有害成分的室内货架或柜子内加以妥善保管。

技能实训

一、实训目标

掌握钳形电流表测量电流的技巧。

二、实训器具材料

钳形电流表、三相异步电动机、导线等。

三、实训内容与步骤

①根据被测电流的种类电压等级正确选择钳形电流表。

②检查钳形电流表的外观情况，钳口闭合情况及表头情况等是否正常。

③选择的量程应稍大于被测电流数值。若不知道被测电流的大小，应先选用最大量程估测。

④正确测量。测量时，应按紧扳手，使钳口张开，将被测导线放入钳口中央，松开扳手并使钳口闭合紧密，如图3-63所示。

图3-63　钳形电流表测量电动机工作电流

⑤读数后，将钳口张开，将被测导线退出，将挡位置于电流最高挡或OFF挡。

四、考核与评价

1. 任务考核

任务考核见表3-7。

表3-7　任务考核

项目	评分标准		配分	得分
认识钳形电流表	不能正确说出钳形电流表的各组成部分	每次扣5分	20分	
钳形电流表的使用	①不能正确选择挡位 ②不能正确读数 ③操作方法不正确 ④不会维护钳形电流表	每次扣2分 每次扣2分 每次扣2分 扣5分	80分	
安全文明生产	违反安全文明生产倒扣10分			

2. 总结与评价

以小组为单位，选择演示文稿、展板、海报、录像等形式中的一种或几种，向全班展示、汇报学习成果，根据表3-8进行总结与评价。

表3-8　项目总结与评价

班级：＿＿＿＿＿＿＿ 小组：＿＿＿＿＿＿＿ 姓名：＿＿＿＿＿＿＿		指导教师：＿＿＿＿＿＿＿＿＿＿＿＿＿ 日期：＿＿＿＿＿＿＿＿＿＿＿＿＿					
评价 项目	评价标准	评价依据	评价方式			权重	得分 小计
			学生 自评 20%	小组 互评 30%	教师 评价 50%		
职业 素养	①遵守企业规章制度、劳动纪律 ②按时按质完成工作任务 ③积极主动承担工作任务，勤学好问 ⑦人身安全与设备安全	①出勤 ②工作态度 ③劳动纪律 ④团队协作精神				0.6	

续表

评价项目	评价标准	评价依据	评价方式			权重	得分小计
			学生自评 20%	小组互评 30%	教师评价 50%		
创新能力	①在任务完成过程中能提出自己的有一定见解的方案 ②在教学或生产管理上提出建议，具有创新性	①方案的可行性及意义 ②建议的可行性				0.4	
合计							

任务四　兆欧表的使用

知识目标

1. 认识兆欧表及结构原理。
2. 掌握兆欧表的使用方法。
3. 掌握兆欧表的日常维护。

能力目标

1. 能够培养学生安全意识、文明生产意识。
2. 能够正确使用兆欧表。

素质目标

1. 培养学生查阅资料、自我学习的能力。
2. 培养学生独立思考的能力。
3. 培养学生解决工程问题的能力。
4. 培养学生团队合作能力。
5. 培养学生创新意识与能力。

基础知识

兆欧表也称摇表、绝缘电阻表，是专门测量电气设备绝缘电阻的仪表。它由交流发电机、倍压整流电路、表头、摇柄等部件组成。一般兆欧表是以发电机发出的最高电压来决定，电压越高，测量绝缘电阻的范围就越大。兆欧表摇动时产生的直流电压加在绝缘材料上后，绝缘材料中就会流过极其微弱的电流，这个电流包含三部分，即电容电流、吸收电流和泄漏电流。兆欧表产生的直流电压与泄漏电流之比为绝缘电阻，用兆欧表检查绝缘材料是否合格的试验叫绝缘电阻试验，它能发现绝缘材料是否受潮、损伤、老化，从而发现设备缺陷。

一、兆欧表的选用

选用兆欧表时，其额定电压一定要与被测电器设备或线路的工作电压相适应，测量范围也应与被测绝缘电阻的范围相吻合。常见的有500V/500MΩ、1000V/1000MΩ、2500V/2500 MΩ几种，如图3-64所示。

图3-64 几种常见的兆欧表

二、兆欧表的接线

兆欧表有三个接线柱，如图3-65所示。分别标有线路（L）、接地（E）和屏蔽或保护环（G）。用兆欧表测量绝缘电阻时一般为线路（L）端子接被测体的芯线，接地（E）端子接大地，屏蔽或保护环（G）端子接钢铠。

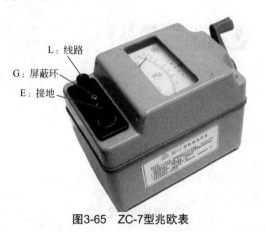

L：线路
G：屏蔽环
E：接地

图3-65 ZC-7型兆欧表

三、兆欧表的安全使用

①使用兆欧表时，放置要平稳，调好水平位置。

②应使用专用的测量线，接线要正确，端钮要拧紧。

③使用前先检验开路试验和短路试验：未接线之前，先摇动兆欧表，观察指针是否在"∞"处。再将L和E两接线柱短路，慢慢摇动兆欧表，指针应在0位置，以证明兆欧表良好。

④在潮湿的天气里测量设备绝缘电阻，应使用屏蔽端子以消除绝缘物表面的泄漏电流对所测绝缘电阻的影响。

⑤兆欧表摇测绝缘时，被测电气设备必须与电源断开，测量完毕，充分放电。在兆欧表未停止转动和被测物未放电之前，不可用手去触及被测物的测量部位或进行拆线，以防止人身触电。

⑥在测量中禁止他人接近被测设备。

⑦兆欧表摇把在转动时，其端钮间不允许短路，而摇测电容时应在摇把转动的情况下将接线断开，以免造成反充电损坏仪表。

⑧测量时，顺时针摇动手柄，手摇速度开始要慢，逐渐均匀加快至120 r/min并保持。当被测物电容量较大时，为了避免指针摆动，可适当提高转速。测量电容器、电缆、大容量

变压器和电动机时，要有一定的充电时间，电容量越大，充电时间越长，一般以兆欧表转动1min后的读数为准。

⑨被测物表面应擦拭干净，不得有污物（如漆等）以免造成测量数据不准确。测量前，应将被测设备表面擦拭干净，以免漏电影响测量结果。

⑩所测绝缘电阻的准确性，与测量方法和测量时的天气情况有非常密切的关系，测量时应注意选择湿度在70%以下的天气进行测量。

⑪禁止在有雷电时或邻近高压设备时使用兆欧表，以免发生危险。

⑫测量前必须将被测设备对地短路放电，特别是电容性的电气设备，如电缆、大容量的电动机、变压器以及电容器等，如不放电，可能发生触电事故。

⑬在兆欧表没有停止摇动和设备未放电以前，切勿用手去触及测量部分和兆欧表的接线柱，以免触电。

⑭测量时，仪表放置地点应远离载有大电流的导体和有外磁场的场所，以免影响测量结果。

技能实训

一、实训目标

掌握兆欧表测量绝缘电阻的技能。

二、实训器具材料

ZC-7型兆欧表、三相异步电动机、导线等。

三、实训内容步骤

测量三相电动机绝缘电阻。

①连接兆欧表的测试线，如图3-66所示。

②开路试验如图3-67所示。

图3-66 连接兆欧表的测试线

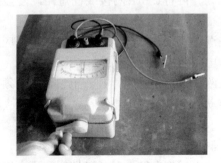

图3-67 开路试验

③短路试验如图3-68所示。

④电动机绕组对机壳绝缘电阻值测试接线如图3-69所示。

图3-68 短路试验

图3-69 电动机绕组对机壳绝缘电阻值测试接线

⑤转动兆欧表至120 r/min，如图3-70所示。

⑥稳定1min读数，如图3-71所示。

图3-70 转动兆欧表至120 r/min

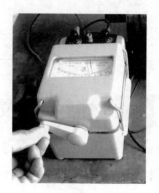

图3-71 稳定1min读数

⑦拆除测试线路。

四、考核与评价

1. 任务考核

任务考核见表3-9。

表3-9 任务考核

项目	评分标准		配分	得分
认识兆欧表	不能正确说出兆欧表的各组成部分	每次扣5分	20分	
钳形电流表的使用	①使用前不能正确检验兆欧表 ②不能正确读数 ③操作方法不正确 ④不会维护兆欧表	每次扣2分 每次扣2分 每次扣2分 扣5分	80分	
安全文明生产	违反安全文明生产倒扣10分			

2. 总结与评价

以小组为单位，选择演示文稿、展板、海报、录像等形式中的一种或几种，向全班展示、汇报学习成果，根据表3-10进行总结与评价。

表3-10　项目总结与评价

班级：_____ 小组：_____ 姓名：_____		指导教师：_____ 日期：_____					
评价项目	评价标准	评价依据	评价方式			权重	得分小计
			学生自评 20%	小组互评 30%	教师评价 50%		
职业素养	①遵守企业规章制度、劳动纪律 ②按时按质完成工作任务 ③积极主动承担工作任务，勤学好问 ④人身安全与设备安全	①出勤 ②工作态度 ③劳动纪律 ④团队协作精神				0.6	
创新能力	①在任务完成过程中能提出自己的有一定见解的方案 ②在教学或生产管理上提出建议，具有创新性	①方案的可行性及意义 ②建议的可行性				0.4	
合计							

任务五　接地电阻测试仪的使用

知识目标

1. 认识接地电阻测试仪及结构。
2. 掌握接地电阻测试仪的使用方法。
3. 掌握接地电阻测试仪的日常维护。

能力目标

1. 能够培养学生安全意识、文明生产意识。
2. 能够正确使用接地电阻测试仪测量避雷装置的接地电阻值。

素质目标

1. 培养学生查阅资料、自我学习的能力。
2. 培养学生独立思考的能力。
3. 培养学生解决工程问题的能力。
4. 培养学生团队合作能力。
5. 培养学生创新意识与能力。

基础知识

接地电阻的指标是衡量各种电器设备安全性能的重要指标之一。它是在大电流（25A

或10A）的情况下对接地回路的电阻进行测量，同时也是对接地回路承受大电流的指标的测试，以避免在绝缘性能下降（或损坏）时对人身的伤害。

一、ZC-8型接地电阻测试仪

如图3-72所示是ZC-8型接地电阻测试仪，其结构如图3-73所示，其标牌如图3-74所示。

图3-72　ZC-8型接地电阻测试仪

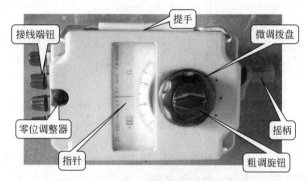

图3-73　ZC-8型接地电阻测试仪结构

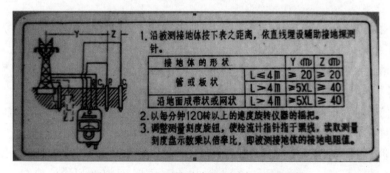

图3-74　ZC-8型接地电阻测试仪侧面标牌

二、操作方法

1. 准备工作

①熟读接地电阻测量仪的使用说明书，应全面了解仪器的结构、性能及使用方法。

②备齐测量时所必须的工具及全部仪器附件，并将仪器和接地探针擦拭干净，特别是接地探针，一定要将其表面影响导电能力的污垢及锈渍清理干净。

③将接地干线与接地体的连接点或接地干线上所有接地支线的连接点断开，使接地体脱离任何连接关系成为独立体。

2. 测量步骤

1）将两个接地探针沿接地体辐射方向分别插入距接地体20m、40m的地下，插入深度为400mm，如图3-75所示，其测量等效原理如图3-76所示。

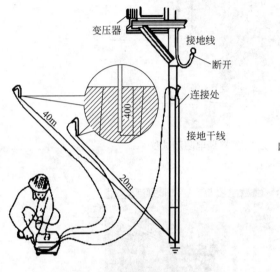

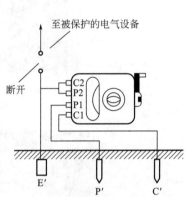

图3-75　实际操作示意图　　　　图3-76　测量等效原理

2）将接地电阻测量仪平放于接地体附近，并进行接线，接线方法如下。

①用最短的专用导线将接地体与接地测量仪的接线端"E1"（三端钮的测量仪）或与C2，"短接后的公共端（四端钮的测量仪）相连。

②用最长的专用导线将距接地体40m的测量探针（电流探针）与测量仪的接线钮"C1"相连。

③用余下的长度居中的专用导线将距接地体20M的测量探针（电位探针）与测量仪的接线端"P1"相连。

3）将测量仪水平放置后，检查检流计的指针是否指向中心线，否则调节"零位调整器"使测量仪指针指向中心线。

4）将"倍率标度"（或称粗调旋钮）置于最大倍数，并慢慢地转动发电机转柄（指针开始偏移），同时旋动"测量标度盘"（或称细调旋钮）使检流计指针指向中心线。

5）当检流计的指针接近于平衡时（指针近于中心线）加快摇动转柄，使其转速达到120r/min以上，同时调整"测量标度盘"，使指针指向中心线，如图3-77所示。

图3-77　测量标度盘指示值

6）若"测量标度盘"的读数过小（小于1）不易读准确时，说明倍率标度倍数过大。此时应将"倍率标度"置于较小的倍数，重新调整"测量标度盘"使指针指向中心线上并读出准确读数。

7）计算测量结果，即 $R_{地}=$ "倍率标度" 读数 × "测量标度盘" 读数。

三、接地电阻测试仪的操作要领

①测试仪设置符合规范后才开始接地电阻值的测量。

②测量前，接地电阻挡位旋钮应旋在最大挡位即 ×10 挡位，调节接地电阻值旋钮应放置在 6 ～ 7Ω 位置。

③缓慢转动手柄，若检流表指针从中间的 0 平衡点迅速向右偏转，说明原量程挡位选择过大，可将挡位选择到 ×1 挡位，如偏转方向如前，可将挡位选择转到 ×0.1 挡位。

④通过步骤③选择后，缓慢转动手柄，检流表指针从 0 平衡点向右偏移，则说明接地电阻值仍偏大，在缓慢转动手柄同时，接地电阻旋钮应缓慢顺时针转动，当检流表指针归 0 时，逐渐加快手柄转速，使手柄转速达到 120 r/min，此时接地电阻指示的电阻值乘以挡位的倍数，就是测量接地体的接地电阻值。如果检流表指针缓慢向左偏转，说明接地电阻旋钮所处在的阻值小于实际接地阻值，可缓慢逆时针旋转，调大仪表电阻指示值。

⑤如果缓慢转动手柄时，检流表指针跳动不定，说明两支接地插针设置的地面土质不密实或有某个接头接触点接触不良，此时应重新检查两插针设置的地面或各接头。

⑥当检流表指针缓慢移到 0 平衡点时，才能加快仪表发电机的手柄，手柄额定转速为 120 r/min。严禁在检流表指针仍有较大偏转时加快手柄的旋转速度。

⑦测量仪表使用后阻值挡位要放置在最大位置即 ×10 挡位。整理好三条随仪表配置来的测试导线，清理两插针上的脏物，装袋收藏。

四、接地摇表的安全使用

①接地线路要与被保护设备断开，以保证测量结果的准确性。

②下雨后和土壤吸收水分太多时以及气候、压力、温度急剧变化时不能测量。

③被测接地极附近不能有杂散电流。

④探测针要远离地下水管、电缆、铁路等较大金属体，电流极应远离 10m 以上，电压极应远离 50m 以上。

⑤连接线要保持绝缘良好。

⑥测试时要选择土壤电阻率大的时候。

⑦经常检查仪表的准确性。

⑧当检流计灵敏度过高时（或不够时），可以将电压极插入土壤浅一些（或沿探针注水湿润）。

技能实训

一、实训目标

掌握接地电阻测试仪测量接地体的接地电阻方法。

二、实训器具材料

ZC-8 型接地电阻测试仪、避雷器针的接地体连接线、导线等。

三、实训内容步骤

①将两个接地探针沿接地体辐射方向分别插入距接地体20m、40m的地下。

②将接地电阻测量仪平放于接地体附近，并进行接线。

③调节"零位调整器"使测量仪指针指向中心线。

④慢慢地转动发电机转柄，同时旋动细调旋钮使检流计指针指向中心线。

⑤计算测量结果，即$R_{地}=$"倍率标度"读数×"测量标度盘"读数。

为了保证所测接地电阻值的可靠，应改变方位重新进行复测。取几次测得值的平均值作为接地体的接地电阻。

四、考核与评价

1. 任务考核

任务考核见表3-11。

表3-11　任务考核

项目	评分标准		配分	得分
认识接地电阻仪	不能正确说出接地电阻仪的各组成部分	每次扣5分	20分	
接地电阻仪的使用	①使用前不能正确检验接地电阻仪 ②不能正确读数 ③操作方法不正确 ④不会维护接地电阻仪	每次扣2分 每次扣2分 每次扣2分 扣5分	80分	
安全文明生产	违反安全文明生产倒扣10分			

2. 总结与评价

以小组为单位，选择演示文稿、展板、海报、录像等形式中的一种或几种，向全班展示、汇报学习成果，根据表3-12进行总结与评价。

表3-12　项目总结与评价

班级：＿＿＿＿＿　小组：＿＿＿＿＿　姓名：＿＿＿＿＿			指导教师：＿＿＿＿＿＿＿＿＿ 日期：＿＿＿＿＿＿＿＿＿＿＿				
评价项目	评价标准	评价依据	评价方式			权重	得分小计
			学生自评 20%	小组互评 30%	教师评价 50%		
职业素养	①遵守企业规章制度、劳动纪律 ②按时按质完成工作任务 ③积极主动承担工作任务，勤学好问 ④人身安全与设备安全	①出勤 ②工作态度 ③劳动纪律 ④团队协作精神				0.6	
创新能力	①在任务完成过程中能提出自己的有一定见解的方案 ②在教学或生产管理上提出建议，具有创新性	①方案的可行性及意义 ②建议的可行性				0.4	
合计							

任务六　示波器的使用

知识目标

1. 认识示波器。
2. 了解示波器用途。
3. 掌握示波器的操作方法。
4. 掌握示波器的日常维护。

能力目标

1. 能够培养学生安全意识、文明生产意识。
2. 能够正确使用示波器。

素质目标

1. 培养学生查阅资料、自我学习的能力。
2. 培养学生独立思考的能力。
3. 培养学生解决工程问题的能力。
4. 培养学生团队合作能力。
5. 培养学生创新意识与能力。

基础知识

一、示波器的用途

示波器是一种显示信号波形的仪器。信号的波形显示出来之后，我们就可以很直观地观察分析它们的变化规律，并测量它们的相关参数。例如，从交流信号的波形图上，可以很容易观察到交流信号随时间变化的规律，并且很容易从波形图上测出它的电压峰-峰值（V_{P-P}）、周期（T）、相位差（φ）等参数。

二、工作原理简介

示波器显示信号波形的过程与绘图的过程类似：白纸对应荧光屏、画笔对应光点、控制画笔作上下左右运动的手对应控制光点上下左右运动的待测信号与扫描信号。所不同的是，示波器显示出来的波形仅仅是光点在待测信号与扫描信号的控制之下的运动轨迹，只要光点的运动速度足够快，由于人眼的视觉暂留和荧光屏的余辉效应，我们就可以看到光点的运动轨迹呈现为一完整的待测信号波形。

1. 光点在竖直方向的运动

光点在竖直方向的运动受到待测信号的控制，待测信号的电压瞬时值越大，光点在竖直方向上的位移就越大。光点在竖直方向上的位移的大小反映了待测信号电压瞬时值的大小。

2. 光点在水平方向的运动

光点在水平方向的运动受到由机器内部产生的扫描信号的控制，其运动规律为：光点从荧光屏的最左端，接着开始第二次扫描，当扫描速度足够快时，我们看到的就是一条水平扫描线。因为扫描是匀速进行的，所以光点在水平方向上的位移可以反映时间的长短。

3. 光点的合成运动

在待测信号和扫描信号的共同控制之下，光点的运动将是前述两种运动的合成。只要保证光点在水平方向上的扫描运动与竖直方向上的运动同步，那么光点的运动轨迹就稳定地呈现出待测信号的波形。

三、主要控制件的位置和作用

1. YB4328型双踪示波器控制面板（图3-78）

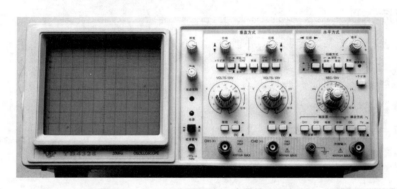

图3-78　YB4328型双踪示波器控制面板

图3-79　示波管控制部件

2. 示波管控制部件（图3-79）

①辉度。调节荧光屏上波形的亮度。辉度不宜太强，以能看清波形为准。辉度太强，波形模糊，且易使荧光屏老化。

②聚焦。改变波形线条的粗细。调节它们，使荧光屏上的波形细腻清晰。

③电源开关。按下接通电源，再按断开电源。

3. 水平方式控制部件（图3-80）

①扫描速度开关（SEC/DIV）。改变光点在水平方向作扫描运动的速度。光点在水平方向匀速扫过一格所花的时间称为扫描速度，单位为s/div、ms/div或μs/div。沿顺时针方向调节，扫描速度加快，反之，则减慢。选用多大的扫描速度，决定于待测信号的频率。

②微调。位于扫描速度开关（SEC/DIV）中间，在一定范围内微小、连续地改变扫描速度，但不能读数。因此需记录扫描速度时应把它置于"校准"位置，即沿顺时针方向旋到头。

③水平位移旋钮。调整波形在水平方向上的位置，便于对其观察和测量。

4. 垂直方式控制部件（图3-81）

图3-80 水平方式控制部件

图3-81 垂直方式控制部件

①信号输入插座CH1、CH2。待测信号从该插座送入示波器。

②输入耦合。当待测信号为交流信号时，应选择"AC"位置；当待测信号为直流时，应选择"DC"位置；不需要待测信号输入时，可按下"接地"。

③垂直位移调节。调整整个波形在竖直方向上的位置，便于我们的观察和测量。

④灵敏度选择开关（VOLTS/DIV）。有2只，改变光点在竖直方向偏转的灵敏度。引发光点在竖直方向偏转一格时的待测电压值称为灵敏度，单位为V/div。沿顺时针方向调节，灵敏度提高，反之，则降低。选用多高的灵敏度，决定于待测信号的电压。

⑤灵敏度微调。有2只，在一定范围内微小、连续地改变Y轴灵敏度，但不能读数。因此需记录灵敏度时应把它置于"校准"位置，即沿顺时针方向旋到头。

⑥显示方式开关。用于选择不同的显示方式。分别按下CH1、CH2时，分别为A、B两通道独立工作；同时按下CH1、CH2时，两通道的输入信号叠加后显示；置于"交替"或"断续"位置时，均为双通道同时显示的方式。但是，当观测频率较低的信号时，应选用"断续"，而观测频率较高的信号时，应选用"交替"。

5. 其他控制部件（图3-82）

①触发源选择开关。通常使用时，应置于CH1的位置，这时触发信号就来源于待测信号。

图3-82 示波器控制部件

②触发耦合方式开关。通常使用时，一般采用内触发的方式观察交流信号，因此该开关通常应置于"AC"的位置。

③触发方式开关。通常使用时，应把它置于"触发"的位置，让触发信号去启动扫描信号。

④触发电平旋钮。用于选择输入信号波形的触发点，使在这一所需的电平上启动扫描，当触发电平的位置超过触发区时，扫描将不启动，屏幕上无待测信号波形显示。

四、示波器的使用方法

1. 测量前的准备

（1）各控制件的作用位置（表3-13）

表3-13　各控制件的作用位置

控制件名称	作用位置	控制件名称	作用位置
辉度	居中	触发源	CH1
聚焦	居中	位移（三只）	居中
垂直方式	CH1	微调（三只）	顺时针旋足
输入耦合	DC	极性	⎍
扫描方式	自动	扫描速率	0.5ms
扫描速度开关	0.1V	耦合方式	AC常态

接通电源开关，电源指示灯亮，稍候预热片刻，荧光屏上出现光迹，分别调整辉和聚焦，使光迹亮度适中、轮廓清晰，尽可能细。这样，示波器就进入正常工作状态，可以开始进行各种观察和测量。

（2）校准信号测试

将测试电缆接入CH1，调节电平旋钮使波形稳定，分别调节位移，使波形与图3-83吻合，用同样的方法检查CH2通道。

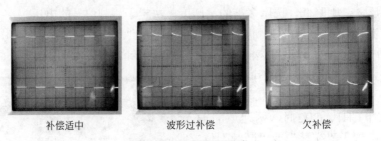

补偿适中　　　　波形过补偿　　　　欠补偿

图3-83　校准信号测试

（3）探头检查

探头分别接入和CH1和CH2输入接口，将VOLTS/DIV开关调至10mV，探头衰减×10挡，屏幕中应显示图3-83中补偿适中的波形，如有过冲或下塌现象，可用随机的高频旋具调节探极补偿元件如图3-84所示，使波形最佳。做完以上工作，证明本机工作状态基本正常，可以进行测试。

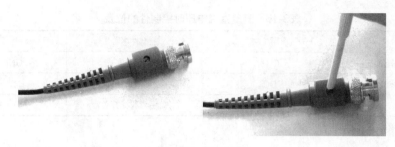

图3-84　探头调整

2. 电压的测量

在测量时一般把"VOLTS/DIV"开关的微调旋钮顺时针旋到校准位置，这样可以按"VOLTS/DIV"的指示值直接计算被测信号的电压幅值。

（1）交流电压的测量

当只需要测量被测信号的交流成分时，测量方法如下。

①应将垂直方式中的各控制件置于表3-14所示位置。

表3-14　测量交流电压时控制件的位置

控制件名称	作用位置	控制件名称	作用位置
显示方式选择开关	CH1	触发耦合方式	AC
CH1输入选择开关	AC	触发方式开关	触发（常态）
CH1灵敏度微调	校准	触发源选择开关	CH1

注：其余控制件的位置同表3-13。

②调节"VOLTS/DIV"开关，使波形在屏幕中的显示幅度适中。

③调节"电平"旋钮使波形稳定，分别调节垂直和水平位移，使波形显示值方便读取，如图3-85所示。

④根据"VOLTS/DIV"的指示值和波形在垂直方向显示的坐标（DIV），按下式计算读取：$V_{P-P} = V/DIV \times H$（DIV）

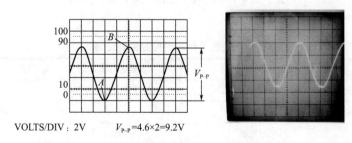

VOLTS/DIV：2V　　$V_{P-P} = 4.6 \times 2 = 9.2V$

图3-85　测量交流电压时的波形

⑤如果使用的探头在10 ： 1位置，应将该值乘以10。

（2）直流电压的测量

当只需要测量被测信号的直流成分或含有直流成分的电压时，测量方法如下。

①应将垂直方式中的各控制件置于表3-15所示位置。

表3-15　测量直流电压时控制件的位置

控制件名称	作用位置	控制件名称	作用位置
显示方式选择开关	CH1	触发耦合方式	GND→DC
CH1输入选择开关	DC	触发方式开关	触发（常态）
CH1灵敏度微调	校准	触发源选择开关	CH1

注：其余控制件的位置同表3-13。

②先将垂直耦合方式开关置于"GND"位置，调节位移使扫描基线在一个和合适的位置上。

③再将耦合方式开关转换到"DC"位置。

④调节"电平"旋钮使波形同步。

⑤根据波形偏移扫描基线的垂直距离，用上面的公式计算读取该信号的电压值，如图3-86所示。

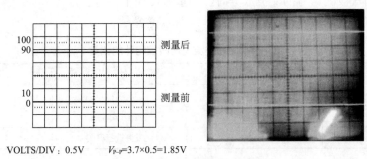

VOLTS/DIV：0.5V　　V_{P-P}=3.7×0.5=1.85V

图3-86　直流电压测量时的波形

3. 频率的测量

对于重复信号的频率进行测量，可以先测出该信号的周期，再根据公式：$f(\mathrm{Hz})=1/T(\mathrm{s})$ 计算出频率值，若被测信号的频率较密，即使将"SEC/DIV"开关调至最快挡屏幕中显示的波形仍然较密，为了提高测量精度，可根据X轴方向10DIV内显示的周期数用下面的公式计算：

$$f（\mathrm{Hz}）=N（周期数）/\mathrm{SEC/DIV}指示值×10$$

把各控制件置于表3-16所示位置。

表3-16　测量频率时控制件的位置

控制件名称	作用位置	控制件名称	作用位置
显示方式选择开关	CH1	触发耦合方式开关	AC
CH1输入选择开关	AC	触发方式开关	触发（常态）
扫描速度微调	校准	触发源选择开关	内
扫描扩展	常态		

注：其余控制件的位置同表3-13。

用电缆线把待测信号送进YA通道，调节触发电平和扫描速度开关，让荧光屏上呈现出具有两个波峰的波形，然后调节YA移位，使波峰位于水平刻度线上，如图3-87所示。记下两波峰的水平间隔L（div），再与此时扫描速度开关的读数X（t/div）相乘，即可得到该交流信号的周期T，把其单位换算为秒后再倒数，就可得到该交流信号的频率f。

4. 时间的测量

对某信号的周期或该信号的任意两点间时间参数的测量，首先按上述操作方法，使波形获得稳定同步后，根据该信号的周期或许测量的两点间在水平方向的距离乘以"SEC/DIV"开关的指示值获得，当需要观察该信号的某一细节（如快跳变信号的上升或下降时间）时，如图3-88所示，可将"SEC/DIV"开关的扩展旋钮拉出，使显示距

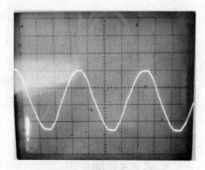

图3-87 测量频率时的波形

离在水平方向得到5倍的扩展，调节X轴位移，使波形处于方便观察的位置，此时测得的时间应除以5。

测量两点间的水平距离，按下式计算时间间隔：

$$时间间隔（s）=\frac{两点间的水平距离（格）\times 扫描时间系数（时间/格）}{水平扩展系数}$$

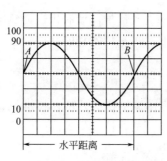

图3-88 时间间隔的测量

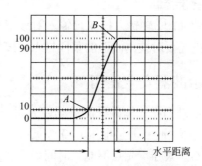

图3-89 上升时间的测量

举例如下。

①在图3-88中，测得A、B两点的水平距离为8格，扫描时间系数设置为2ms/格，水平扩展为×1，那么：

$$时间间隔=\frac{8格\times 2\,ms/格}{1}=16\,ms$$

②在图3-89中，波形上升沿的10%处（A点）至90%处（B点）的水平距离为1.8格，扫描时间置为1μs/格，扫描扩展系数为×5，根据公式计算出：

$$上升时间=\frac{1.8格\times 1\mu s/格}{5}=0.36\mu s$$

5. 两个不相关信号的测量

当需要同时测量两个不相关信号时应将垂直方式开关置于"ALT"位置，并将触发源选择开关"CH1"和"CH2"两个按键同时按下，调节电平可使波形获得同步。

在使用本方式工作时，应注意以下几点。

①因为该方式仅限于在"垂直方式"为"交替"时使用，因此被测信号的频率不宜太

低，否则会出现两个通道的交替闪烁现象。

②当其中一个通道无信号时，将不能获得稳定同步。

6. 电视信号的测量

YB4328型示波器设有电视场同步信号分离电路，当需要观察电视场信号时可将触发耦合开关"TV"键按下，根据被测电视信号的极性，选择合适的触发极性，调节电平可获得电视场信号的稳定同步。

对于电视行信号的一般观察，可用"NORM"方式获得同步。

7. X-Y方式的应用

在某些特殊场合，X轴的光迹偏转须由外来信号控制，或需要X轴也作为被测信号的输入通道，如外接扫描信号、李沙育图形的观察或作为其他设备的显示装置等，都需要用到该方式。

X-Y方式的操作：将"SEC/DIV"开关逆时针方向旋足至"X-Y"位置，由"CH1 OR X"端口输入X轴信号，其偏转灵敏度仍按该通道的"VOLTS/DIV"开关指示值读取，但该方式的X轴灵敏度扩展则是水平扩展×5按键来控制。

8. 外部亮度控制

由仪器背面的Z轴输入插座可输入对波形亮度的调制信号，调制极性为负电平加亮，正电平消稳，当需要对被测波形的某段打入亮度标记时，可采用本功能获得。

五、示波器安全使用

①需要记录扫描速度时（测量频率），扫描速度微调旋钮必须放在校准位置；同理，需要记录Y轴灵敏度时（测量电压），Y轴灵敏度微调必须放在校准位置。

②辉度不能太强，光点不能长时间静止在荧光屏上的一点上。

③不要频繁开关机，如果暂时不用，把辉度降到最低即可。

④电缆与插座的配合方式类似于挂口灯泡与灯座的配合方式，切忌生拉硬拽。同时，电缆另一端的黑色夹子应与待测回路的接地点或公共端连接。

技能实训

一、实训目标

掌握使用示波器对两个相关信号的时间差或相位差的测量。

二、实训器具材料

YB4328型双踪示波器、直流电源、交流电源等。

三、实训内容与步骤

①根据两个相关信号频率，选择合适的扫描速度，并将垂直方式开关根据扫描速度的快慢分别置"交替"或"断续"位置，将"触发源"选择开关置被设定作为测量基准的通道，调节电平使波形稳定同步，根据两个波形在水平方向某两点间的距离，用下式计算出时间差：

$$时间差 = \frac{水平距离（格）×扫描时间系数（时间/格）}{水平扩展系数}$$

②在图3-90中，扫描时间系数置为50μs/格，水平扩展置×1，测得两测量点之间的水平距离为1.5格，则：

$$时间差 = \frac{1.5格 \times 50μs/格}{1} = 75μs$$

③若测量两个信号的相位差，可在上述方法获得稳定显示后，调节两个通道的"VOLT/DIV"开关和微调，使两个通道显示的幅度相等。调节"SEC/DIV"微调，使被测信号的周期在屏幕中显示的水平距离为几个整数格，得到每格的相位角=360/一个周期的水平距离（DIV）。再根据另一个通道信号超前或滞后的水平的水平距离乘以每格的相位角，得出两相关信号的相位差。

举例：在图3-91中，测得两个波形测量点的水平距离为1格，则根据公式可算出：

相位差=1格×40°/格=40°

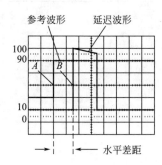

图3-90 对两个相关信号的测量

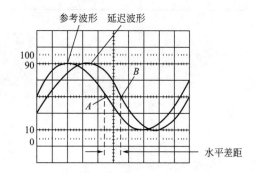

图3-91 对两个相关信号相位差的测量

四、考核与评价

1. 任务考核

任务考核见表3-17。

表3-17 任务考核

项目	评分标准		配分	得分
认识示波器	不能正确说出示波器面板旋钮的作用	每次扣5分	40分	
示波器的使用	①使用前不能正确调试示波器 ②不能正确读数 ③操作方法不正确 ④不会维护示波器	每次扣2分 每次扣2分 每次扣2分 扣5分	60分	
安全文明生产	违反安全文明生产倒扣10分			

2. 总结与评价

以小组为单位，选择演示文稿、展板、海报、录像等形式中的一种或几种，向全班展示、汇报学习成果，根据表3-18进行总结与评价。

表3-18 项目总结与评价

班级：_____ 小组：_____ 姓名：_____		指导教师：_____ 日期：_____					
评价项目	评价标准	评价依据	评价方式			权重	得分小计
			学生自评 20%	小组互评 30%	教师评价 50%		
职业素养	①遵守企业规章制度、劳动纪律 ②按时按质完成工作任务 ③积极主动承担工作任务，勤学好问 ④人身安全与设备安全	①出勤 ②工作态度 ③劳动纪律 ④团队协作精神				0.6	
创新能力	①在任务完成过程中能提出自己的有一定见解的方案 ②在教学或生产管理上提出建议，具有创新性	①方案的可行性及意义 ②建议的可行性				0.4	
合计							

项目四
室内线路的安装

知识目标

1. 掌握电工材料的分类和性能。
2. 掌握常用电线电缆的选用。

能力目标

1. 能够培养学生安全意识、文明生产意识。
2. 能够正确识别与选择电线电缆。

素质目标

1. 培养学生查阅资料、自我学习的能力。
2. 培养学生独立思考的能力。
3. 培养学生解决工程问题的能力。
4. 培养学生团队合作能力。
5. 培养学生创新意识与能力。

基础知识

常用电工材料分为四类：导电材料、绝缘材料、磁性材料和电热材料。

一、导电材料

1. 导电材料特点

导电材料大部分为金属，但不是所有的金属都可以作为导电材料，因为做导电材料的金属必须同时具备下列五个特点。

①导电性能好（即电阻率小）。

②有一定的机械强度。

③不易氧化和腐蚀。

④容易加工和焊接。

⑤资源丰富，价格便宜。

铜和铝基本上符合上述要求，因此它们是最常用的导电材料。如架空线需要具有较高的机械强度，常选用铝镁硅合金；电热材料需要具有较大的电阻率，常选用镍铬合金或铁铬铝合金；熔丝需要具有易熔断特点，故选用铅锡合金；电光源灯丝要求熔点高，需选用钨丝做导电材料等。

2. 导电材料分类

电气设备用电线电缆的使用范围最广，品种多。按产品的使用特性可分为七类。

①通用电线电缆。

②电机电器用电线电缆。

③仪器仪表用电线电缆。

④地质勘探和采掘用电线电缆。

⑤交通运输用电线电缆。

⑥信号控制电线电缆。

⑦直流高压软电缆。

3. 导电线芯

目前，移动使用的电线电缆主要用铜做导电线芯。固定敷设用的，除特殊场合外，一般采用铝做导电线芯。随着铝合金品种的发展和铝线连接技术的提高，移动式电线也将大量采用铝导电线芯，以减轻质量和节约用铜。导电线芯的根数有单根、几根至几十根不等。各种电线电缆导线芯的面积系列表见表4-1。

表4-1　电气设备用电线电缆线芯的面积系列 mm^2

0.012	0.03	0.06	0.12	0.2	0.3	0.4	0.5
0.75	1.0	1.5	2.0	2.5	4	6	10
16	25	35	50	70	95	120	150
185	240	300	400	500	600	800	1000

4. 常用电线电缆

电气设备用电线电缆的各种系列中，根据它们的特性以及导电线芯、绝缘层、护套层的材料，分为若干品种。现将常用品种、规格、特性及其用途介绍如下。

①B系列橡皮、塑料电线这种系列的电线结构简单，重量轻，价格低，电气和力学性能有较大的裕度，广泛应用于各种动力、配电和照明线路，并用于中小型电气设备作安装线。

它们的交流工作电压为500 V，直流工作电压为1000V。B系列中常用的品种见表4-2。

表4-2 B系列橡皮、塑料电线常用品种

产品名称	型号		图片	长期最高工作温度/℃	用途
	铜芯	铝芯			
橡皮绝缘电线	BX[①]	BLX		65	固定敷设于室内（明敷、暗敷或穿管），可用于室外，也可作设备内部安装用线
氯丁橡皮绝缘电线	BXF[②]	BLXF		65	同BX型。耐气候性好，适用于室外
橡皮绝缘软电线	BXR			65	同BX型。仅用于安装时要求柔软的场合
橡皮绝缘和护套电线	BXHF[③]	BLXHF		65	同BX型。适用于较潮湿的场合和做室外进户线，可代替老产品铅包电线
聚氯乙烯绝缘电线	BV[④]	BLV		65	同BX型。且耐湿性和耐气候性较好
聚氯乙烯绝缘软导线	BVR			65	同BX型。仅用于安装时要求柔软的场合
聚氯乙烯绝缘和护套电线	BVV[⑤]	BLV		65	同BX型。用于潮湿的机械防护要求较高的场合，可直接埋于土壤中
耐热聚氯乙烯绝缘电线	BV-105[⑥]	BLV-105		105	同BX型。用于45℃及其以上高温环境中
耐热聚氯乙烯绝缘软电线	BVR-105			105	同BX型。用于45℃及其以上高温环境中

①X表示橡皮绝缘。
②XF表示氯丁橡皮绝缘。
③HF表示非燃性橡套。
④V表示聚氯乙烯绝缘。
⑤VV表示聚氯乙烯绝缘和护套。
⑥105表示耐温105℃。

②R系列橡皮、塑料软线这种系列软线的线芯是用多根细铜线绞合而成，它除了具备B系列电线的特点外，还比较柔软，大量用于日用电器、仪表及照明线路。R系列中常用的品种见表4-3。

③Y系列通用橡套电缆这种系列的电缆适用于一般场合，作为各种电气设备、电动工具、仪器和日用电器的移动电源线，所以称为移动电缆。

表4-3　R系列橡皮、塑料软线常用品种

产品名称	型号	图片	工作电压/V	长期最高工作温度/℃	用途及使用条件
聚氯乙烯绝缘软线	RV RVB RVS		AC 250 DC 500	65	供各种移动电器、仪表、电信设备、自动化装置接线用，也可作内部安装线。安装时环境温度不低于−15℃
耐热聚氯乙烯绝缘软线	RV-105		AC 250 DC 500	105	同BX型。用于45℃及其以上高温环境中
聚氯乙烯绝缘和护套软线	RVV		AC 250 DC 500	65	同BV型。用于潮湿和机械防护要求较高以及经常移动、弯曲的场合
棉纱编织橡皮绝缘双绞软线、棉纱纺织橡皮绝缘软线	RXS RX		AC 250 DC 500	65	室内日用电器、照明用电源线

　　按其承受机械力分为轻、中、重三种形式。Y系列中常用的品种见表4-4。它的最高工作温度为65℃。

表4-4　Y系列通用橡套电缆品种[①]

产品名称	型号	图片	交流工作电压/V	特点和用途
轻型橡套电缆	YQ[②]		250	轻型移动电气设备和日用电器电源线
	YQW[③]			轻型移动电气设备和日用电器电源线，且具有耐气候和一定的耐油性能
中型橡套电缆	YZ[④]		500	各种移动电气设备和农用机械电源线
	YZW			各种移动电气设备和农用机械电源线，且具有耐气候和一定的耐油性能
重型橡套电缆	YC[⑤]		500	同YZ型。能承受一定的机械外力作用
	W			同YZ型。能承受一定的机械外力作用，且具有耐气候和一定的耐油性能

①表中产品均为铜导线芯。

②Q表示轻型。

③W表示户外型。

④Z表示中型。

⑤C表示重型。

　　④电线电缆的允许载流量电线电缆的允许载流量是指在不超过它们最高工作温度的条件下，允许长期通过的最大电流值，所以允许载流量又称安全电流，这是电线电缆的一个重要参数。单根RV、RVB、RVS、R、V和BLV型电线在空气中敷设时的载流量（环境温度为+25℃）见表4-5。

表4-5 长期允许载流量

标称截面积/mm²	长期连续负荷允许载流量/A			
	单芯		两芯	
	铜芯	铝芯	铜芯	铝芯
0.3	9		7	
0.4	11		8.5	
0.5	12.5		9.5	
0.75	16		12.5	
1.0	19		15	
1.5	24		19	
2.0	28		22	
2.5	32	25	26	20
4	42	34	36	26
6	55	43	47	33
10	75	59	65	51

二、绝缘材料

（1）绝缘材料

绝缘材料是电流很难通过的材料，具有较高的电阻率，耐压强度和耐热性能好，在电子产品中主要用于包扎、衬垫、护套等。常用绝缘材料的分类及特点如表4-6。

表4-6 常用绝缘材料的分类、特点及用途

类别	外观形状	特征、分类	用途
绝缘纸		常用的有电容器纸、青壳纸、铜版纸等	主要用于要求不高的低压线圈绝缘
绝缘布		常用的有黄蜡布、黄蜡绸、玻璃漆布等	这种材料也可制成各种套管，用做导线护套
有机薄膜		常用的有聚酯、聚酰亚胺、聚氯乙烯、聚四氟乙烯薄膜	有机薄膜涂上胶黏剂就成为各种绝缘胶带
塑料套管			大量用在电子装配中

续表

类别	外观形状	特征、分类	用途
橡胶制品		橡胶在较大的温度范围内具有优良的弹性、电绝缘性、耐热、耐寒和耐腐蚀性	传统的绝缘材料,用途非常广泛
云母制品		具有良好的耐热、传热、绝缘性能的脆性材料	主要用于绝缘要求高且能导热的场合
陶瓷		耐热、耐潮性好,机械强度高,电绝缘性能好,温度膨胀系数小,但性质较脆	用于制作插座、线圈骨架、瓷介电容

（2）绝缘材料的主要性能

绝缘材料的主要性能有耐热强度、机械强度、耐热等级三个方面。

耐电强度：表示每毫米厚度的材料所能承受的电压,它同材料的种类及厚度有关。

机械强度：一般是指拉伸强度,即每平方厘米所能承受的拉力。

耐热等级：是指绝缘允许的最高温度,它主要取决于材料的成分,一般绝缘材料的耐热等级可分为7级,见表4-7。

表4-7 绝缘材料的耐热等级

级别代号	最高温度/℃	主要材料
Y	90	棉丝、丝、纸
A	105	棉丝、丝、纸经浸渍
E	120	有机薄膜、有机磁漆
B	130	云母、玻璃纤维、石棉
F	155	树脂黏合剂或浸渍的无机材料
H	180	有机硅、树脂、漆及无机材料
C	>200	硅塑料、聚氯乙烯、云母、陶瓷等材料的组合

三、磁性材料

电工中应用的磁性材料主要有铁磁性材料和铁氧体。按其矫顽力可分为软磁材料和永磁材料两大类。软磁材料用于交变磁场,而永磁材料用于静态磁场。按材料组成可分成金属和非金属两种。前者有Fe、Co、Ni、Gd及其合金,也可包括稀土类元素,如RCo5,其中R为稀土元素Sm、Ce和Pr。非铁磁元素的合金也可以成为铁磁材料,例如Mn、Cu和Al等。非金属型材料有铁氧体,它具有磁畴结构,能自发磁化而具有铁磁性。铁磁性材料具有磁滞回线,在交变磁场中造成损耗,必须设法降低。交流磁场作用下引起的涡电流,也会造成损耗。两种损耗统称铁耗,都造成设备发热,这在高频率下特别突出。铁氧体的铁耗在高频下特别小,成为适用于高频的磁性材料,常见的磁性材料见表4-8。

表4-8　常见磁性材料及特点、用途

类别	图片	特点	用途
软磁铁氧体		一种非金属磁性材料，具有电阻率高、涡流损耗小、磁导率高，能制成不同形状	在收音机和电视机等设备中用作变压器、滤波器、振荡器、磁性天线、偏转圈及可变电感等的磁芯
硬磁铁氧体		一种非金属的永磁材料，具有矫顽力大、电阻率高、密度小等优点；缺点是磁感应强度低，体积较大，且不耐振	在电声器件中应用广泛，如高低音扬声器、动圈式扬声器和耳机的磁铁
金属软磁材料		一种容易磁化又容易退磁的材料	可用来制造电动机、变压器、继电器和电磁铁的铁芯，适合在低频大功率的情况下工作

四、电热材料

电热材料是用来制造各种电阻加热设备中的发热元件，作为电阻接到电路中，把电能转变为热能，使加热设备的温度升高。对电热材料的基本要求是电阻率高，加工性能好，在高温时具有足够的机械强度和良好的抗氧化能力。常用的电热材料是镍铬合金和铁铬铝合金，其品种、工作温度、特点和用途见表4-9。

表4-9　电热材料品种、工作温度、特点和用途

品种		工作温度/℃		特点和用途
		常用	最高	
镍铬合金	20Ni80	1000～1050	1150	电阻率高，加工性能好，高温时机械强度较好，用后不变脆。适用于移动设备上
	Cr20	900～950	1050	
铁铬铝合金	Cr13Al4	900～950	1100	抗干扰性能比镍铬合金好，电阻率比镍铬合金高，价格较便宜，但高温时机械强度较差，用后会变脆。适用于固定设备上
	Cr13Al6Mo2	1050～1200	1300	
	Cr25Al5	1050～1200	1300	
	Cr27Al7Mo2	1200～1300	1400	

【操作提示】

①车间照明和动力线路选用导线实际上是按安全电流来选择导线截面面积。具体技术参数可查阅电工手册。例如，铜塑线（BVR-0.75，导线结构7/0.37）用于交流500V、直流1000V及以下电气装置；橡套电缆（YQ-2×0.3，每根截面0.3mm²、双芯）主要用于移动式电气设备，长期工作温度65℃。

②按安全载流量选择导线截面面积时，若供电线路较长或线路上接有重载启动的电动机，必须校核线路的电压降是否超过下列允许值：在照明线路上两根线的电压不得超过干线电压的4%；动力线路为2%。若超过允许压降，应加大导线截面面积。

③为保证导线有一定的机械强度，接到设备上的铜芯导线最小截面为 1.5mm²，铝线为 2.5mm²。

④导线截面还要与线路中装设的熔断器相适应。

技能实训

一、实训目标

常用导线的选择。

二、实训器具材料

胶质线（RVS-2×16/0.15，截面 0.3mm²）2m，铜塑线（BVR-0.75，导线结构 7/0.37）1m，橡套电缆（YQ-2×0.3，每根截面 0.3mm²、双芯）1m，单相交流电源 1 处，电工通用工具，万用表，黑胶布，绝缘鞋，工作服。

三、实训内容步骤

有一单相功率 400W 的手电钻，试选用其电源线类型并写出导线型号规格及接线。

（1）分析使用环境

据题目可知，手电钻属于移动式电气设备，长期工作于 –15～65℃的范围内。

（2）导线类型的选用

依照它的用途可以确定，应选用 Y 系列橡套电缆，而且手电钻使用过程中与人体接触，故应该有可靠的保护线，所以确定选用三芯橡套电缆。

（3）导线的型号及规格

对上述导线类型的分析可以基本选定 YQ 系列橡套电缆，另据经验公式估计，220V 单相 0.4kW 手电钻工作电流 $I=8P_N$（额定功率）=8×0.4=3.2A，现所备线型中的 YQ-3×0.5 的橡套电缆，其安全载流量为 9A，所以完全能够满足要求。

（4）接线

将 YQ 三芯电缆中的两根 0.5mm² 芯线分别连接电源的相线、零线和手电钻的电源输入端，另外一根 0.5mm² 芯线将手电钻金属外壳与保护线 PE 作可靠连接。

四、考核与评价

1. 任务考核

任务考核见表 4-10。

表 4-10 任务考核

项目	评分标准		配分	得分
认识导线	不能正确认识导线	每次扣 5 分	20 分	
导线选择	①不能正确计算负荷电流 ②不能正确选择导线类型 ③不能正确选择导线规格 ④不能正确选择导线的安全载流量	扣 5 分 扣 5 分 扣 10 分 扣 5 分	80 分	

续表

项目	评分标准	配分	得分
安全文明生产	违反安全文明生产倒扣10分		

2.总结与评价

以小组为单位，选择演示文稿、展板、海报、录像等形式中的一种或几种，向全班展示、汇报学习成果，根据表4-11进行总结与评价。

表4-11　项目总结与评价

			评价方式				
班级：_____　　小组：_____　　姓名：_____			指导教师：_____　　日期：_____				
评价项目	评价标准	评价依据	学生自评 20%	小组互评 30%	教师评价 50%	权重	得分小计
职业素养	①遵守企业规章制度、劳动纪律 ②按时按质完成工作任务 ③积极主动承担工作任务，勤学好问 ④人身安全与设备安全	①出勤 ②工作态度 ③劳动纪律 ④团队协作精神				0.6	
创新能力	①在任务完成过程中能提出自己的有一定见解的方案 ②在教学或生产管理上提出建议，具有创新性	①方案的可行性及意义 ②建议的可行性				0.4	
合计							

任务二　导线连接及绝缘恢复

知识目标

1.掌握导线连接的基本要求。

2.掌握导线连接的基本方法。

3.掌握恢复导线绝缘的方法。

能力目标

1.能够培养学生安全意识、文明生产意识。

2.能够进行各种导线的连接。

素质目标

1.培养学生查阅资料、自我学习的能力。

2.培养学生独立思考的能力。

3. 培养学生解决工程问题的能力。

4. 培养学生团队合作能力。

5. 培养学生创新意识与能力。

基础知识

导线连接是电工的一项基本的且重要的操作技能。连接质量直接影响线路能否安全可靠地长期运行。良好的绝缘更是保证安全的前提。

一、导线连接的基本要求

导线长度不够或需要分接支路时，需要将导线与导线连接。在去除了线头的绝缘层后，就可进行导线的连接。导线的接头是线路的薄弱环节，导线的连接质量关系着线路和电气设备运行的可靠性和安全程度。

导线连接的基本要求是：连接牢固可靠、接头电阻小、机械强度高、耐腐蚀耐氧化、电气绝缘性能好。

二、常用连接方法

针对不同的导线种类会有不同的连接形式，其连接的方法也不同。常见的连接方法有绞合连接、紧压连接、焊接等。连接前应剥除导线连接部位的绝缘层，注意不要损伤芯线。

1. 绝缘层的剥削

导线线头绝缘层的剥削是导线加工的第一步，是为以后导线的连接作准备。电工必须学会用电工刀、钢丝钳或剥线钳来剥削绝缘层。

（1）用钢丝钳剥削塑料硬线绝缘层

线芯截面为 $4mm^2$ 及以下的塑料硬线，一般用钢丝钳进行剥削，剥削方法如下。

①用左手捏住导线，在需剥削线头处，用钢丝钳刀口轻轻切破绝缘层，但不可切伤线芯。

②用左手拉紧导线，右手握住钢丝钳头部用力向外勒去塑料层，如图4-1所示。在勒去塑料层时，不可在钢丝钳刀口处加剪切力，否则会切伤线芯。剥削出的线芯应保持完整无损。如有损伤，应重新

图4-1 钢丝钳剥削绝缘层

剥削。

（2）用电工刀剥削塑料硬线绝缘层

线芯面积大于 $4mm^2$ 的塑料硬线，料硬线绝缘层可用电工刀来剥削绝缘层，方法如下。

①在需剥削线头处，用电工刀以45°角倾斜切入塑料绝缘层，注意刀口不能伤着线芯，如图4-2（a）所示。

②刀面与导线间的夹角保持在25°左右，用刀向线端推削，只削去上面一层塑料绝缘，不可切入线芯，如图4-2（b）所示。

③将余下的线头绝缘层向后扳翻,把该绝缘层剥离线芯,如图4-2(c)所示,再用电工刀切齐。

(a) 刀以45°角倾斜切入　　　　(b) 刀以25°角倾斜剥削　　　　(c) 切下余下塑料层

图4-2　电工刀剖削绝缘层

(3)塑料软线绝缘层的剖削

塑料软线绝缘层用剥线钳或钢丝钳剖削,剖削方法与用钢丝钳剖削塑料硬线绝缘层方法相同。不可用电工刀剖削,因为塑料软线由多股铜丝组成,用电工刀容易损伤线芯。

(4)塑料护套线绝缘层的剖削

塑料护套线具有两层绝缘:护套层和每根线芯的绝缘层。塑料护套线绝缘层用电工刀剖削,方法如下。

①护套层的剖削。按线头所需长度处,用电工刀刀尖对准护套线中间线芯缝隙处划开护套线,如图4-3(a)所示。如偏离线芯缝隙处,电工刀可能会划伤线芯。向后扳翻护套层,用电工刀把它齐根切去,如图4-3(b)所示。

②内部绝缘层的剖削。在距离护套层5～10mm处,用电工刀以45°角倾斜切入绝缘层,其剖削方法与塑料硬线剖削方法相同。

(a) 用刀尖在线芯缝隙处划开护套层　　　　(b) 扳翻护套层并齐根切去

图4-3　塑料护套线剖削

(5)橡皮线绝缘层的剖削

在橡皮线绝缘层外还有一层纤维编织保护层,其剖削方法如下。

①把橡皮线纤维编织保护层用电工刀尖划开,将其扳翻后齐根切去,剖削方法与剖削护套线的保护层方法类同。

②用剖削塑料线绝缘层的方法削去橡胶层。

③最后把松散棉纱层用电工刀从根部切去。

(6)花线绝缘层的剖削

①用电工刀在线头所需长度处将棉纱织物保护层四周割切一圈后将其拉去。

②在距离棉纱织物保护层10mm处,用钢丝钳按照剖削塑料软线的方法勒去橡胶层。

2. 绞合连接

绞合连接是指将需连接导线的芯线直接紧密绞合在一起。铜导线常用绞合连接。

(1)单股铜导线的直接连接

小截面单股铜导线连接方法如图4-4所示,先将两导线的芯线线头作X形交叉,再将它们相互缠绕2～3圈后扳直两线头,然后将每个线头在另一芯线上紧贴密绕5～6圈后剪去多余线头即可。

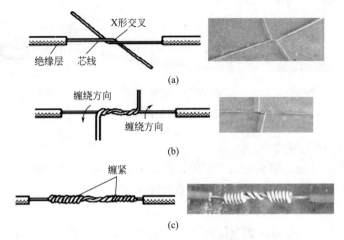

图4-4 小截面单股铜导线连接方法

大截面单股铜导线连接方法如图4-5所示，先在两导线的芯线重叠处填入一根相同直径的芯线，再用一根截面约1.5mm²的裸铜线在其上紧密缠绕，缠绕长度为导线直径的10倍左右，然后将被连接导线的芯线线头分别折回，再将两端的缠绕裸铜线继续缠绕5～6圈后剪去多余线头即可。

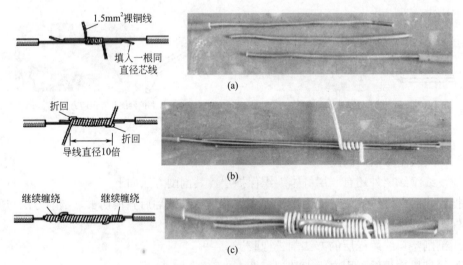

图4-5 大截面单股铜导线连接方法

不同截面单股铜导线连接方法如图4-6所示，先将细导线的芯线在粗导线的芯线上紧密缠绕5～6圈，然后将粗导线芯线的线头折回紧压在缠绕层上，再用细导线芯线在其上继续缠绕3～4圈后剪去多余线头即可。

（2）单股铜导线的分支连接

单股铜导线的T字分支连接如图4-7所示，将支路芯线的线头紧密缠绕在干路芯线上5～8圈后剪去多余线头即可。对于较小截面的芯线，可先将支路芯线的线头在干路芯线上打一个环绕结，再紧密缠绕5～8圈后剪去多余线头即可。

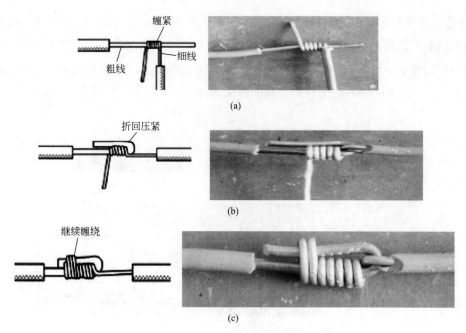

图4-6 不同截面单股铜导线连接方法

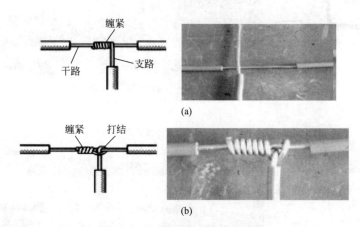

图4-7 单股铜导线的T字分支连接

单股铜导线的十字分支连接如图4-8所示，将上下支路芯线的线头紧密缠绕在干路芯线上5～8圈后剪去多余线头即可。可以将上下支路芯线的线头向一个方向缠绕［见图4-8（a）］，也可以向左右两个方向缠绕［见图4-8（b）］。

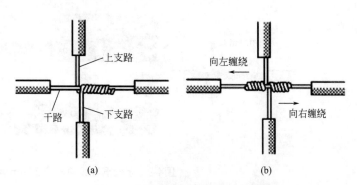

图4-8 单股铜导线的十字分支连接

（3）多股铜导线的直接连接

多股铜导线的直接连接如图4-9所示，首先将剥去绝缘层的多股芯线拉直，将其靠近绝缘层的约1/3芯线绞合拧紧，而将其余2/3芯线成伞状散开，另一根需连接的导线芯线也如此处理。接着将两伞状芯线相对着互相插入后捏平芯线，然后将每一边的芯线线头分作3组，先将某一边的第1组线头翘起并紧密缠绕在芯线上，再将第2组线头翘起并紧密缠绕在芯线上，最后将第3组线头翘起并紧密缠绕在芯线上。以同样方法缠绕另一边的线头。

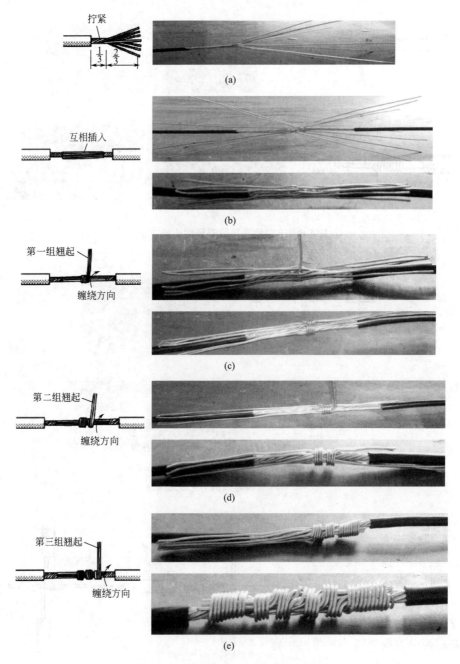

图4-9 多股铜导线的直接连接示意图

（4）多股铜导线的分支连接

多股铜导线的T字分支连接有两种方法：一种方法如图4-10所示，将支路芯线90°折弯后与干路芯线并行［见图4-10（a）］，然后将线头折回并紧密缠绕在芯线上即可［见图4-10（b）］。

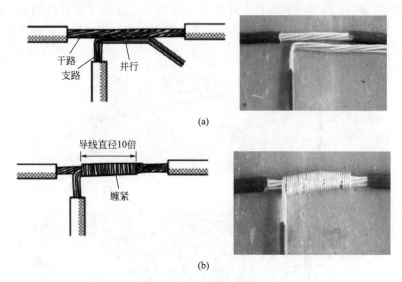

图4-10　多股铜导线的T字分支连接方法（一）

另一种方法如图4-11所示，将支路芯线靠近绝缘层的约1/8芯线绞合拧紧，其余7/8芯线分为两组［见图4-11（a）］，一组插入干路芯线当中，另一组放在干路芯线前面，并朝右边按如图4-11（b）所示方向缠绕4～5圈。再将插入干路芯线当中的那一组朝左边按如图4-11（c）所示方向缠绕4～5圈，连接好的导线如图4-11（d）所示。

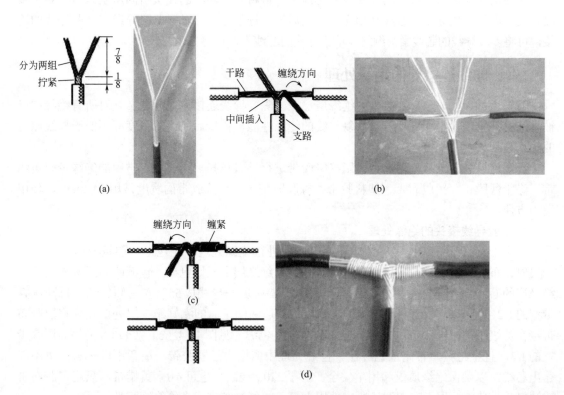

图4-11　多股铜导线的T字分支连接方法（二）

（5）单股铜导线与多股铜导线的连接

单股铜导线与多股铜导线的连接方法如图4-12所示，先将多股导线的芯线绞合拧紧成单股状，再将其紧密缠绕在单股导线的芯线上5～8圈，最后将单股芯线线头折回并压紧在缠绕部位即可。

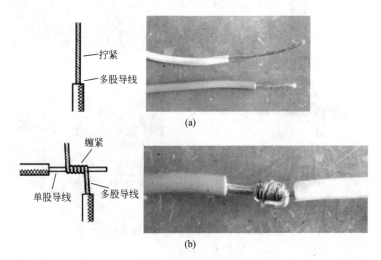

图4-12　单股铜导线与多股铜导线的连接方法

（6）同一方向的导线的连接

当需要连接的导线来自同一方向时，可以采用图4-13所示的方法。对于单股导线，可将一根导线的芯线紧密缠绕在其他导线的芯线上，再将其他芯线的线头折回压紧即可。对于多股导线，可将两根导线的芯线互相交叉，然后绞合拧紧即可。对于单股导线与多股导线的连接，可将多股导线的芯线紧密缠绕在单股导线的芯线上，再将单股芯线的线头折回压紧即可。

三、导线连接处的绝缘处理

为了进行连接，导线连接处的绝缘层已被去除。导线连接完成后，必须对所有绝缘层已被去除的部位进行绝缘处理，以恢复导线的绝缘性能，恢复后的绝缘强度应不低于导线原有的绝缘强度。

导线连接处的绝缘处理通常采用绝缘胶带进行缠裹包扎。一般电工常用的绝缘带有黄蜡带、涤纶薄膜带、黑胶布带、塑料胶带、橡胶胶带等。绝缘胶带的宽度常用20mm的，使用较为方便。

1. 一般导线接头的绝缘处理

一字形连接的导线接头可按如图4-14所示进行绝缘处理，先包缠一层黄蜡带，再包缠一层黑胶布带。将黄蜡带从接头左边绝缘完好的绝缘层上开始包缠，包缠两圈后进入剥除了绝缘层的芯线部分［见图4-14（a）］。包缠时黄蜡带应与导线成55°左右倾斜角，每圈压叠带宽的1/2［见图4-14（b）］，直至包缠到接头右边两圈距离的完好绝缘层处。然后将黑胶布带接在黄蜡带的尾端，按另一斜叠方向从右向左包缠［见图4-14（c）、（d）］，仍每圈压叠带宽的1/2，直至将黄蜡带完全包缠住。包缠处理中应用力拉紧胶带，注意不可稀疏，更不能露出芯线，以确保绝缘质量和用电安全。对于220V线路，也可不用 黄蜡带，只用黑胶布带或塑料胶带包缠两层。在潮湿场所应使用聚氯乙烯绝缘胶带或涤纶绝缘胶带。

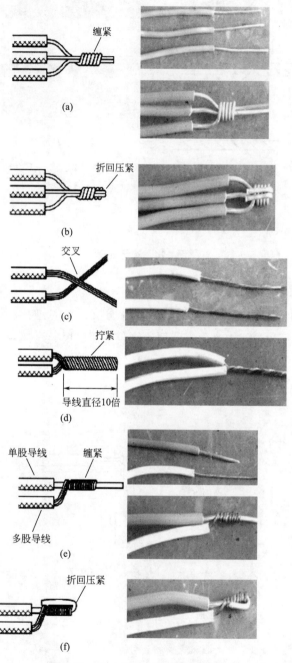

缠紧

(a)

折回压紧

(b)

交叉

(c)

拧紧

导线直径10倍

(d)

单股导线　缠紧

多股导线

(e)

折回压紧

(f)

图4-13　同一方向的导线的连接方法

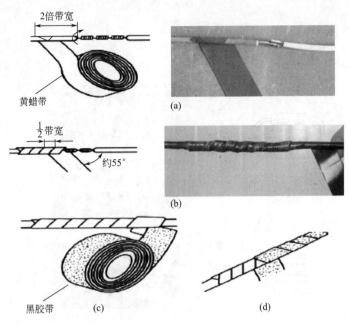

图4-14　绝缘处理

2. T字分支接头的绝缘处理

导线分支接头的绝缘处理基本方法同上，T字分支接头的包缠方向如图4-15所示，走一个T字形的来回，使每根导线上都包缠两层绝缘胶带，每根导线都应包缠到完好绝缘层的两倍胶带宽度处。

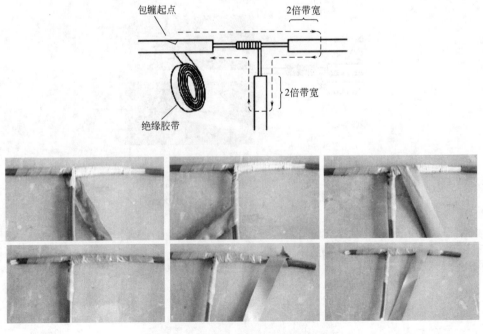

图4-15　T字分支接头的绝缘处理

3.十字分支接头的绝缘处理

对导线的十字分支接头进行绝缘处理时，包缠方向如图4-16所示，走一个十字形的来回，使每根导线上都包缠两层绝缘胶带，每根导线也都应包缠到完好绝缘层的两倍胶带宽度处。

导线绝缘层破损或导线连接后都要恢复绝缘，恢复后的绝缘强度不应低于原有的绝缘层。恢复绝缘层的材料一般用黄蜡带、涤纶薄膜带、塑料带和黑胶带等。黄蜡带或黑胶带通常选用带宽为20mm规格的，这样包缠较方便。

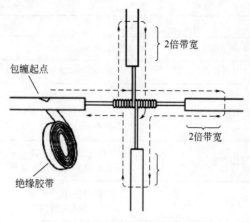

图4-16　十字分支接头的绝缘处理

4.恢复绝缘时的注意事项

①电压为380V的线路恢复绝缘时，可先用黄蜡带用斜叠法紧缠两层，再用黑胶带缠绕1～2层。

②包缠绝缘带时，不能过疏，更不允许露出线芯，以免造成事故。

③包缠时绝缘带要拉紧，要包缠紧密、坚实，并粘在一起，以免潮气侵入。

技能实训

一、实训目标

掌握单股铜导线的连接及绝缘恢复。

二、实训器材

铜芯绝缘导线（BV-4mm^2、BV-1.5mm^2）2m，绝缘带1卷，黑胶布1卷，塑料胶带1卷，电工通用工具1套等。

三、实训内容步骤

（1）导线绝缘层的剥削

根据导线的截面积和连接方法，选择不同的剥削工具，可参考本节中所讲述的方法。

（2）导线连接

①单股铜导线的直连连接。连接方法参考本节中所讲述的方法。

②单股铜导线的分支连接。连接方法参考本节中所讲述的方法。

（3）绝缘恢复

绝缘恢复的具体方法，可参考本节中所讲述的方法。

四、考核与评价

1.任务考核

任务考核见表4-12。

表4-12 任务考核

项目	评分标准		配分	得分
认识导线	不能正确认识导线	每次扣5分	10分	
工具的使用	不能正确使用钢丝钳或剥线钳	每次扣2分	10分	
导线绝缘层剥削	①不能正确剥削导线 ②导线剥削长度不合适 ③剥削导线损伤线芯	扣5分 扣5分 扣10分	30分	
导线连接	①导线连接方法不正确 ②导线连接不符合工艺要求	扣10分 扣10分	30分	
导线绝缘层恢复	①绝缘恢复方法不正确 ②不符合恢复绝缘的工艺要求	扣10分 扣5分	20分	
安全文明生产	违反安全文明生产倒扣10分			

2. 总结与评价

以小组为单位，选择演示文稿、展板、海报、录像等形式中的一种或几种，向全班展示、汇报学习成果，根据表4-13进行总结与评价。

表4-13 项目总结与评价

班级：_____
小组：_____
姓名：_____

指导教师：_____
日期：_____

评价项目	评价标准	评价依据	评价方式			权重	得分小计
			学生自评 20%	小组互评 30%	教师评价 50%		
职业素养	①遵守企业规章制度、劳动纪律 ②按时按质完成工作任务 ③积极主动承担工作任务，勤学好问 ④人身安全与设备安全	①出勤 ②工作态度 ③劳动纪律 ④团队协作精神				0.6	
创新能力	①在任务完成过程中能提出自己的一定见解的方案 ②在教学或生产管理上提出建议，具有创新性	①方案的可行性及意义 ②建议的可行性				0.4	
合计							

任务三 开关、插座及灯具的安装技巧

知识目标

1. 了解常用的开关。

2. 了解常用的插座。

3. 了解常用的灯具。

4. 掌握开关与插座的安装技术要求。

5. 掌握灯具的安装技术要求。

能力目标

1. 能够培养学生安全意识、文明生产意识。

2. 能够正确安装开关与插座。

3. 能够正确安装灯具。

素质目标

1. 培养学生查阅资料、自我学习的能力。

2. 培养学生独立思考的能力。

3. 培养学生解决工程问题的能力。

4. 培养学生团队合作能力。

5. 培养学生创新意识与能力。

基础知识

照明安装技术是应用最为广泛的电工技术之一，涉及生产、生活中的商业、建筑业、工业、农业等各行各业。因此，电气照明的安装与维修是电工的一项基本技能。不同场合对照明装置好线路的要求有所不同，下面先学习开关、插座等器件安装技术。

一、常用开关的安装

开关是接通或断开照明灯具的器件，主要用来控制相线（火线）的通断。开关接通，灯泡亮；开关断开，灯泡熄灭。装配开关时，同一室内的开关高度应一致，开关与地面的距离应符合安全规定。卫生间等容易受潮的地方应选用防水型开关，以确保人身安全。

在照明线路中，常用的电源开关有拉线开关、顶装拉线开关，防水接线开关、跷板方形平开关、床头船型开关和平开关、暗装开关等，外形如图4-17所示。

图4-17 常用开关

单控　　　　　　双控
（两个接线口）　　（三个接线口）

图4-18　单控开关和双控开关

1. 常用开关

按功能可分为单控开关和双控开关，如图4-18所示。单控开关是最常用的一种开关，即一个开关控制一组线路。双控开关是两个开关控制一组线路，可以实现楼上楼下同时控制。

开关主要由面板、跷板和触点三部分组成，见表4-14。

表4-14　开关的组成及作用

部件	材料	性能及作用
触点	银或银合金	在电流通断瞬间起到一定的过流保护作用
面板	PVC材料	安全、无毒、抗冲击、防火阻燃效果好
跷板	铜或银铜合金	以铜为材料的跷板成本较低，但银铜合金的导电性能较好，目前主流品牌均采用银铜合金跷板

2. 开关有明装和暗装之分

暗装开关一般在土建施工过程中安装。明装开关不受安装时间的限制，一般安装在木台或直接安装在墙壁上。

（1）暗装开关盒的安装

暗装开关必须安装在开关盒内，开关盒如图4-19所示，安装示意图4-20所示。

图4-19　塑料开关盒　　　　　　　图4-20　开关盒安装示意图

（2）开关接线

开关接线时，将电源相线接到一个静触点接线桩上，另一个动触点接线桩接来自灯具的导线，如图4-21所示。在接线时应接成扳把向上时开灯，向下时关灯。

（3）安装盖板

把接线完毕的开关芯连同支持架固定到预埋在墙内的接线盒上，用螺栓将盖板固定牢固，盖板应紧贴建筑物表面，如图4-22所示。

图4-21　开关接线示意图　　　　　图4-22　安装盖板示意图

[安全操作]

①开关的安装位置要便于操作。开关边缘距门框边缘距离为15～20mm，开关距地面的高度为1.3m。

②拉线开关距地面的高度为2.2～2.8m，层高小于3m时，拉线开关距天花板不小于100mm，拉线出口垂直向下。

③相同型号并列安装的开关及同一室内开关的安装高度一致，且控制有序，不错位。

④并列安装的拉线开关的相邻间距不小于20mm。

⑤暗装的开关面板应紧贴墙面，四周无缝隙，表面光滑整洁，无碎裂、划伤，装饰帽齐全。

⑥在安装开关时，相线（火线）必须进开关，否则更换灯泡或检修线路时容易触电。开关的开启方向应向下，各个开关的通断位置要一致，且操作灵活，接触可靠。

二、电源插座

电源插座是各种可移动用电器的电源接口，随着家用电器的普及，电源插座的数量也逐渐增多，如果安装不当将会成为埋在墙壁中的"隐形杀手"。有关统计数据表明，在发生的火灾事故中，由于电源插座、短路等原因引发的火灾约占总数的20%。要避免类似事故的发生，就要按规定合理选用插座，即选择与家用电器的额定电流、插头规格及接线盒规格相匹配的插座，切忌使用所谓的万能插座，同时要正确安装、正确接线并正确使用插座。

1. 认识插座

根据电源电压的不同，插座可分为单相三孔、单相两孔插座和三相四孔插座等。根据安装方式有明装和暗装两种。

插座一般不用开关控制，它始终是带电的。在插座上插入电源插头，就可获得源源不断的电流。在照明电路中，一般可用双孔插座；但在公共场所、地面具有导电性物质或电器设备有金属壳体时，应选用三孔插座。用于动力系统中的插座，应是三相四孔，常用插座的种类如图4-23所示。

图4-23　常用的插座

2. 插座的安装规定

①插座的安装高度应符合设计规定。当设计无规定时，视听设备、台灯、接线板等的墙上插座一般距离地面30cm（客厅插座根据电视和沙发而定），洗衣机的插座距离地面1.2～1.5m，电冰箱的插座距离地面1.5～1.8m，空调器、排气扇等插座距离地面1.9～2m，厨房功能插座离地1.5～2m。

②当插座上方有暖气管时，其间距应大于20cm，下方有暖气管时，其间距应大于30cm。不符合以上要求时，应移位或进行技术处理。

③当交流、直流或不同电压等级的插座安装在同一位置或场所时，应有明显的标志区别，且其插头与插座配套，不能互相代用。

④在儿童活动场所应采用安全插座，在潮湿场所应采用防水、防潮插座；在有易燃易爆气体及粉尘的场所应装专用插座。

⑤落地插座应具有牢固可靠地保护盖板。

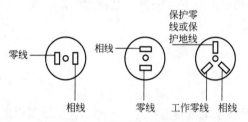

图4-24　单相插座的接线

3. 插座的接线

（1）单相插座的接线

如图4-24所示，单相两极插座的接线原则是：双孔插座在双孔水平安装时，火线接右孔，零线接左孔（即左零右火）；双孔竖直排列时，火线接上孔，零线接下孔（即下零上火）。

（2）三孔插座的接线

三孔插座下边两孔是接电源线的，仍为左零右火，上边大孔接保护接地线，它的作用是一旦电气设备漏电到金属外壳时，可通过保护接地线将电流导入大地，消除触电危险。依据接线原则，将导线分别接入插座的接线柱上，如图4-25所示，注意接地线的颜色。根据标准规定，接地线应是黄绿双色线。

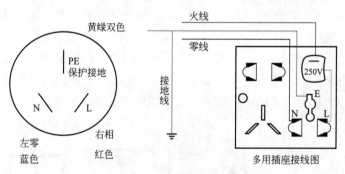

图4-25　三孔插座的接线

（3）三相插座的接线

三相四极插座有三个较小的孔分别接三相电源相线，上边较大的孔接保护接地线，如图4-26所示。

[安全操作]

①安装插座时，先将接线盒内甩出的导线留出维修长度，一般为15～20cm，再削去线头部分的绝缘层，注意

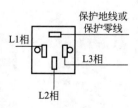

图4-26　三相插座的接线

不要碰伤芯线。

②如果开关、插座内为接线柱，则将导线按顺时针方向盘绕在开关、插座对应的接线柱上，然后旋紧压头；如果开关、插座内为插接端子，则将芯线折回插入圆孔接线端子内，再用顶丝将其压紧，注意芯线不能外露。

③正确拔插插头，插座的使用寿命与拔插插头的方法有关。拔插插头时，要用一只手拿插头，另一只手按住面板，以免破坏插座的结构。同时应握住插头本体，而不是连接导线。

④插头插入后应牢固、紧密。

三、白炽灯具和附件的安装

1. 安装的一般要求

①室内灯具悬挂最低高度，通常不得低于2～4m。如室内环境特殊，达不到最低安装高度时，可用36V安全电压供电。

②室内灯开关通常安装在门边或其他便于操作的位置。一般拉线开关离地面高度不应低于2m，扳把开关不低于1.3m，与门框的距离以150～200mm为宜。

③不同的照明装置，不同的安装场所，照明灯具使用的导线芯线横截面积应不小于表4-15中的规定。

还应注意，在采用花线时，有白点的花色线应接相线，无白点的单色线接零线。

表4-15 常用单芯导线横截面积与载流量对照

横截面积/mm² 载流量/A 导线种类	0.8	1.0	1.5	2.5	4.0	6.0	8.0	10	16	25	35	50	75	95
铜芯线，铜芯软线	17	20	25	34	45	56	70	85	113	146	180	225	287	350
铝芯线，铝芯软线	13	15	19	26	35	43	54	66	87	112	139	173	220	254

④灯具质量在1kg以下时，可直接用软线悬吊；重于1kg者应加装金属吊链；超过3kg者，应固定在预埋的吊挂螺栓或吊钩上。在预制楼板或现浇楼板内预埋吊挂螺栓和吊钩，如图4-27所示。

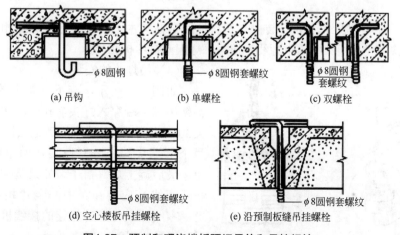

(a) 吊钩 ϕ8圆钢

(b) 单螺栓 ϕ8圆钢套螺纹

(c) 双螺栓 ϕ8圆钢套螺纹

(d) 空心楼板吊挂螺栓 ϕ8圆钢套螺纹

(e) 沿预制板缝吊挂螺栓 ϕ8圆钢套螺纹

图4-27 预制和现浇楼板预埋吊钩和吊挂螺栓

2. 白炽灯安装

（1）圆木（木台）的安装

先加工圆木，在圆木底部刻两条线槽，如果是槽板明配线，应在正对槽板的一面锯一豁口，接着将电源相线和零线卡入圆木线槽，并穿过圆木中部两侧小孔，留出足够连接电器或软吊线的线头。然后用螺钉从中心孔穿入，将圆木固定在事先完工的预埋件上，如图4-28所示。

（2）挂线盒的安装

①如图4-29（a）所示是挂线盒，先将圆木上的电线头从挂线盒底座中穿出，用木螺钉将挂线盒紧固在圆木上，如图4-29（b）所示。将伸出挂线盒底座的线头剥去20mm左右绝缘层，弯成接线圈后，分别压接在挂线盒的两个接线桩上。

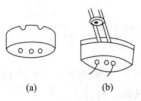

(a)　　　　(b)

图4-28　圆木的安装

(a) 挂线盒　　(b) 紧固挂线盒底座

图4-29　安装挂线盒

②再按灯具的安装高度要求，取一段铜芯软线（花线或塑料绞线）作挂线盒与灯头之间的连接线。为了不使接头处承受灯具重力，吊灯电源线在进入挂线盒盖后，在离接线端头50mm处打一个结，如图4-30所示。这个结正好卡在挂线盒线孔里，承受着部分悬吊灯具的重量。

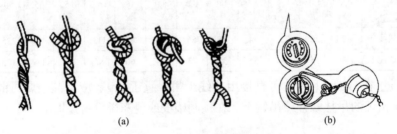

(a)　　　　　　　　(b)

图4-30　吊灯电源线的接线

此外，平灯座在圆木上的安装也与塑料挂线盒在圆木上的安装方法大体相同，不同的是，不需用软吊线，由穿出的电源线直接与平灯座两接线桩相接。

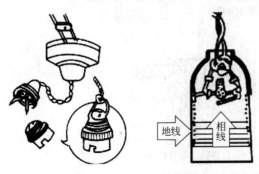

图4-31　吊灯头的安装

（3）吊灯头的安装

如图4-31所示，旋下灯头上的胶木盖子，将软吊线下端穿入灯头盖孔中，在离导线下端头30mm处打一个结，然后把去除了绝缘层的两个下端头芯线分别压接在两个灯头接线桩上，最后旋上灯头盖子。如果是螺口灯头，火线（相线）应接在跟中心铜片相连的接线桩上，零线接在与螺口相连的接线桩上。如果接反，容易出现触电事故。

3. 白炽灯的常用控制线路

白炽灯常用照明控制线路见表4-16。

表4-16 白炽灯的常用照明控制线路

线路名称	接线图	备注
一个单联开关控制一个灯	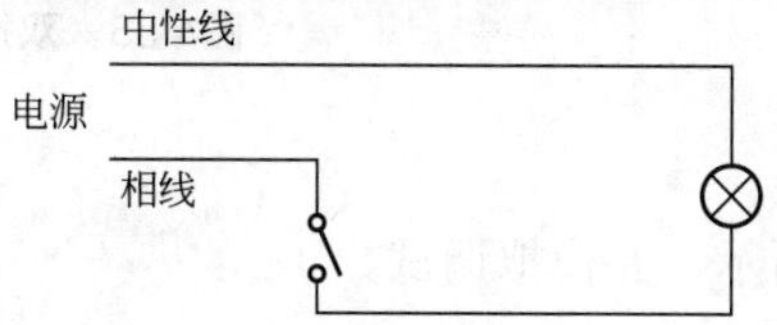 中性线 电源 相线	开关装在相线上，接入灯头中心簧片上，零线接入灯头螺纹口接线柱
一个单联开关控制两个灯	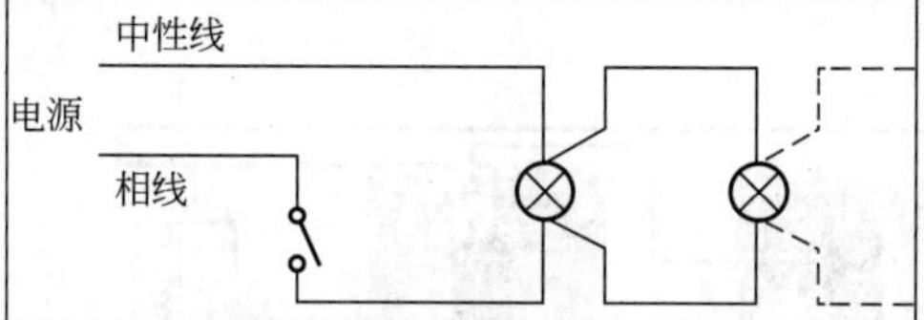 中性线 电源 相线	超过两个灯按虚线延伸，但要注意开关允许容量
两个单联开关，分别控制两盏灯	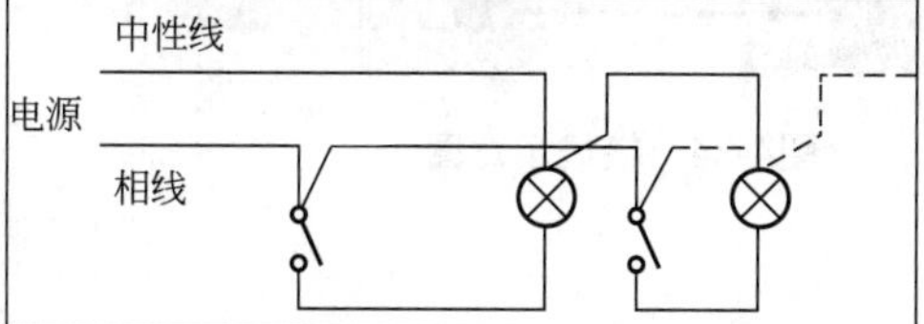 中性线 电源 相线	用于多个开关及多个灯，可延伸接线
两个双控开关在两地，控制一个灯	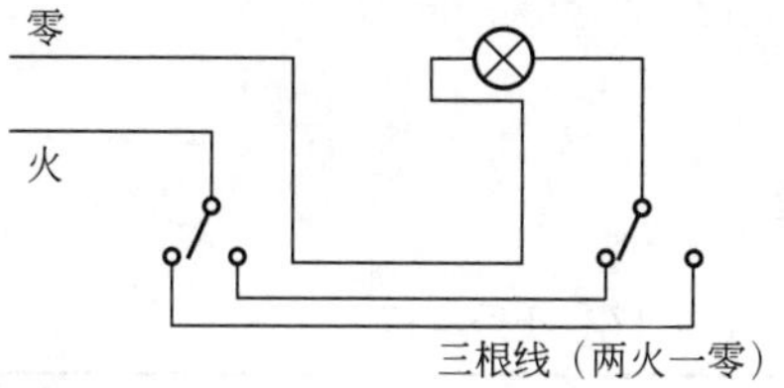 零 火 三根线（两火一零）	用于楼梯或走廊，两端都能开、关的场合。接线口诀：开关之间三条线，零线经过不许断，电源与灯各一边

技能实训

一、实训目标

两地开关控制一盏白炽灯的线路安装。

二、实训器具材料

双控开关、导线、灯座、灯泡、电工工具等。

三、实训内容步骤

1. 双控开关的检测

如图4-32所示是双控开关，是由两个独立的单刀双掷开关组合来实现的。使用前外观检查开关的好坏，再用万用表测试开关的通断。

2. 绘制电路图

绘制电路图如图4-33所示，从图可以看出无论拨动哪个开关（K1或K2），整个电路的状态都会切换（连通和断开），这就实现了任何一个开关都可以随时打开或关掉所控制的灯。

图4-32　双控开关

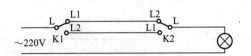

图4-33　双控开关线路

3. 安装与接线

按照电路图进行接线如图4-34所示，并模拟调试。

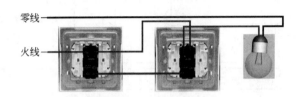

图4-34　接线示意图

四、考核与评价

1. 任务考核

任务考核见表4-17。

表4-17　任务考核

项目	评分标准		配分	得分
认识开关与插座	不能正确认识开关与插座	每个扣2分	10分	
开关与插座检测	①不能正确使用万用表 ②不会检测开关与插座好坏	扣5分 每次扣2分	15分	
设计电路图	①不能正确设计电路图 ②不能规范绘制电路图	扣5分 扣5分	15分	
电路连接	①不能按图接线 ②线路连接不符合工艺要求 ③火线不进开关者 ④损坏开关或插座	扣10分 每处扣5分 扣5分 扣5分	30分	
通电调试	①第一次通电灯不亮 ②第二通电灯不亮 ③第三次通电灯不亮此项不得分	扣5分 扣10分	30分	
安全文明生产	违反安全文明生产或电工操作规程倒扣10分			

2. 总结与评价

以小组为单位，选择演示文稿、展板、海报、录像等形式中的一种或几种，向全班展示、汇报学习成果，根据表4-18进行总结与评价。

表4-18　项目总结与评价

班级： _____ 小组： _____ 姓名： _____		指导教师： _____ 日期： _____					

评价项目	评价标准	评价依据	评价方式			权重	得分小计
			学生自评 20%	小组互评 30%	教师评价 50%		
职业素养	①遵守企业规章制度、劳动纪律 ②按时按质完成工作任务 ③积极主动承担工作任务，勤学好问 ④人身安全与设备安全	①出勤 ②工作态度 ③劳动纪律 ④团队协作精神				0.6	
创新能力	①在任务完成过程中能提出自己的有一定见解的方案 ②在教学或生产管理上提出建议，具有创新性	①方案的可行性及意义 ②建议的可行性				0.4	
合计							

任务四　室内配线

知识目标

1. 了解配线的基本要求。
2. 了解常用配线线管。
3. 掌握线管配线安装原则和要求。
4. 掌握线管配线的安装方法和步骤。

能力目标

1. 能够培养学生安全意识、文明生产意识。
2. 能够正确选择配线管与线槽。
3. 能够正确安装线槽布线。

素质目标

1. 培养学生查阅资料、自我学习的能力。
2. 培养学生独立思考的能力。
3. 培养学生解决工程问题的能力。
4. 培养学生团队合作能力。
5. 培养学生创新意识与能力。

基础知识 👆

一、线管配线

将绝缘导线穿在管内敷设，叫线管配线。线管配线分钢管配线和硬塑料管配线两种。按敷设部位不同又分为明敷和暗敷两种。线管配线的优点是：线路不会受机械损伤，不受潮湿、多尘、有腐蚀性气体等环境影响，不易发生火灾，适用于易燃易爆环境，并可减少因接地故障造成的触电事故，而且整洁美观。缺点是造价高，维修不甚方便。线管配线适用于对安全可靠性和美观程度要求较高的场所。

1. 钢管配线

（1）钢管的选用

配线用的钢管有厚壁和薄壁两种，后者又叫电线管。对干燥环境，可用薄壁钢管明敷和暗敷。对潮湿、易燃、易爆场所和在地坪下埋设，则必须用厚壁钢管。

钢管的选择要注意不能有折扁、裂纹、砂眼，管内应无毛刺、铁屑，管内外不应有严重锈蚀。为了便于穿线，应根据导线截面和根数选择不同规格的钢管使管内导线的总截面（含绝缘层）不超过钢管内径截面的40%。线管的选用通常由设计决定，也可参照表4-19选用。

表4-19　单芯绝缘导线穿管选择

线管类别 穿线根数 线管内径/mm 导线截面积/mm²	水煤气钢管				电线管				硬塑料管		
	2	3	4	5	2	3	4	5	2	3	4
1.5	15	15	15	20	20	20	20	25	15	15	15
2.5	15	15	20	20	20	20	25	25	15	15	20
4	15	20	20	20	20	20	25	25	15	20	25
6	20	20	20	25	20	25	25	32	20	20	25
10	20	25	25	32	25	32	32	40	25	25	32
16	25	25	32	32	32	32	40	40	25	32	32
25	32	32	40	40	32	40	—	—	32	40	40
35	32	40	50	50	40	40	—	—	40	40	50
50	40	50	50	70	—	—	—	—	40	50	50
70	50	50	70	70	—	—	—	—	40	50	50
95	50	70	70	80	—	—	—	—	50	70	70
120	70	70	80	80	—	—	—	—	50	70	70
150	70	70	80	—	—	—	—	—	50	70	80
185	70	80	—	—	—	—	—	—			

（2）钢管加工

1）除锈与涂漆。敷设之前，将已选用钢管内外的灰渣、油污与锈块等清除。为防止除锈后重新氧化，应迅速涂漆。常用除锈方法如下：在钢丝刷两端各绑一根长度适合的铁丝，将铁丝与钢丝刷穿过钢管，来回拉动，如图4-35所示，即可除去钢管内壁锈块。钢管外壁除锈很容易，可直接用钢丝刷或电动除锈机除锈。除锈后立即涂防锈漆。但在混凝土中埋设的管子外壁不能涂漆，否则影响钢管与混凝土之间的结构强度。如果钢管内壁有油垢或其他脏物，也可在一根长度足够的铁丝中部扎上适量布条，在管中来回拉动，即可擦掉，待管壁清洁后，再涂防锈漆。

2）钢管的锯割。敷设电线的钢管一般都用钢锯锯割或使用专用的割刀进行。下锯时，锯架要扶正，向前推动时，适当加压力，但不得用力过猛，以防折断锯条。钢锯回拉时，应稍微抬起，减小锯条磨损。管子快锯断时，要放慢速度，使断口平整。锯断后用半圆锉锉掉管口内侧的棱角，以免穿线时割伤导线。

3）套螺纹。钢管与钢管之间连接时，应先在连接处套螺纹，套螺纹要符合工艺要求。

4）弯管。线路敷设中，由于走向的改变，管道必须随之弯曲。弯管的工具常用管弯管器和滑轮弯管器。对于管壁较厚或管径较大的钢管，可用气焊加热弯曲。在用氧炔焰加热时要注意火候，若火候不到，无法弯动，加热过度，又容易弯瘪。最好在加热前，先用干燥砂粒灌入管内并捣紧，然后再加热弯曲，即可避免弯瘪现象发生。灌砂弯管如图4-36所示。对于薄壁大口径管道，灌砂弯管显得更为重要。

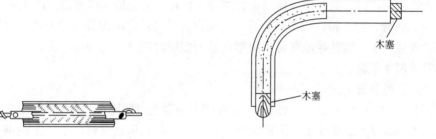

图4-35 用钢丝刷除钢管内铁锈　　　　　图4-36 灌砂弯管

（3）钢管敷设

1）明管敷设工艺。

①明管敷设的一般顺序。

a. 按施工图确定电气设备的安装位置，划出管道走向中心线及交叉位置，并埋设支承钢管的紧固件。

b. 按线路敷设要求对钢管进行下料、清洁、弯曲、套螺纹等加工。

c. 在紧固件上固定并连接钢管。

d. 将钢管、接线盒、灯具或其他设备连成一个整体，并将管路系统妥善接地。

②明管敷设的基本工艺。明管配线要求整齐美观、安全可靠。沿建筑物敷设要横平竖直，并用合适的管卡或管夹固定。固定点的直线距离应均匀，其固定点间的最大允许距离应符合表4-20中的规定。管卡距始端、终端、转角中点、接线盒边缘的距离和跨越电气器具的距离为150～500 mm。

2）暗管敷设工艺。

在工厂车间、各类办公场所，特别是现代城乡住宅，大量运用暗管在墙壁内、地坪内、天花板内敷线。各种灯具的灯头盒、线路接线盒、开关盒、电源插座盒等，都嵌入墙体或天花板内。这样可使整个房间显得清爽、整洁。

表4-20　钢管明敷时固定点间距离

管卡间最大距离/m ＼ 钢管内径/mm 管壁厚度/mm	13～19	25～32	38～54	64～76
2.5以上	1.5	2.0	2.5	3.5
2.5以下	1.0	1.5	2.0	—

①暗管敷设的一般顺序。暗管及其配套设备的敷设可参照下列顺序进行。

a. 按施工图确定接线盒、灯头盒、开关盒、插座盒等在墙体、楼板或天花板的具体位置。测出线路和管道敷设长度。这时不必像明管敷设那样讲究横平竖直，可尽量走捷径，尽量减少弯头。

b. 对管道加工、连接并在确定位置接好接线盒、灯头盒、开关盒、插座盒等。随后在管道中穿入引线铁丝。然后在管口堵上木塞，在上述盒体内填满废纸或木屑，以免水泥砂浆和其他杂物进入。

c. 将管道和连接好的各种盒体固定在墙体、地坪、天花板内或现浇混凝土模板内。

d. 对金属管、盒、箱，应在管与管、管与盒、管与箱之间焊好跨接地线，使该管路系统的金属体连成一个可靠的接地整体。用塑料管道配线时则这一工序可略去。

②暗线施工工艺。

a. 暗线管道敷设工艺。

•在现浇混凝土楼板内敷设管道时，应在浇灌混凝土以前进行。先用石、砖等在模板上将管子垫高15mm以上，使管子与模板保持一段距离，然后用铁丝将管子固定在钢筋上或用钉子将其固定在模板上，如图4-37所示。

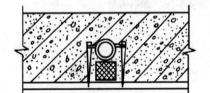

图4-37　在楼板内固定暗管

•在砖墙内敷设线管应在土建砌砖时预埋，边砌砖边预埋并用水泥砂浆、砖屑等将管子塞紧，如在土建时没有预埋管道，也没有预留管与盒的槽穴。在建筑物主体工程完工后，在粉水工程动工以前，可用人工凿打管槽和盒穴。凿打时可用凿子、錾子，也可用建筑装饰用加工墙、地砖的切割机，将要凿打的线槽两边切割成狭缝，再将中间砖块凿去，即成为两边缘整齐的线管槽。这种办法不仅在新安装时使用，在平时若需要新安装或改造线路，也可使用。

•在地平下敷设管道时，应在浇灌混凝土前将管道固定。其方法是先将木桩或圆钢打入地下泥土中，用铁丝将管子绑扎在这些支承物上，下面用砖块等垫牢，离土面15～20mm左右，再浇灌混凝土，使管子位于混凝土内，避免泥土潮气腐蚀。

•在楼板内敷设管道时，由于楼板厚度限制，对管道外径选择有一定要求：楼板厚80mm，管子外径应小于40mm；楼板厚120mm，管子外径应小于50mm。

b. 灯头盒、接线盒、开关盒等埋设工艺。在浇灌混凝土前，应在楼板中设计的灯头盒等盒体位置预埋木砖，待混凝土固化后，取出木砖，装入灯头盒、接线盒等盒体，如图4-38所示。此外，也可将上述盒体用铁钉固定在混凝土模板上，如图4-39所示。在混凝土固化后，再将这些盒体与管道连接，如图4-40所示。

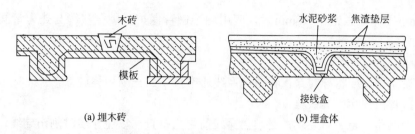

(a) 埋木砖　　　　　　　　　(b) 埋盒体

图4-38 在楼板内预埋木砖、盒体

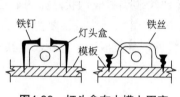

图4-39 灯头盒在木模上固定

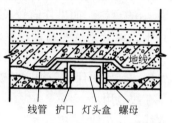

图4-40 灯头盒与管道的连接

2. 硬塑料管配线

（1）硬塑料管的选用

目前电路上配线用的硬塑料管多为市场上大量销售的PVC管，在购置时除外观质量、材质外，特别应注意管壁厚度，通常，明敷时不小于2 mm，暗敷则应不小于3mm。

硬塑料管管径的选择与钢管配线相同，可参照表4-19选用。

（2）硬塑料管的连接

根据线路走向的不同，硬塑料管有直线、90°直角、T形和十字形连接等形式。随着技术的进步和生产的发展，目前市场上有与各种管径配套的直线接头、90°弯头、T形接头（俗称"三通"）、十字接头（俗称"四通"），如图4-41所示。由于接头和管子之间加工较精密，在连接时，可将管子直接插入接头中。对于要求更高的场合，可在管子外径和接头内径涂上黏合剂，使其牢固地结合在一起。

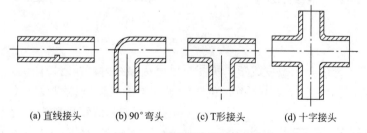

(a) 直线接头　　(b) 90°弯头　　(c) T形接头　　(d) 十字接头

图4-41 硬塑料管常用接头

（3）硬塑料管的敷设

硬塑料管的敷设与钢管在建筑物上（内）的敷设基本相同，但要注意下面几个问题。

①硬塑料管明敷时，固定管子的管卡距始端、终端、转角中点、接线盒或电气设备边缘的距离为150～500mm，中间直线部分间距均匀。

②明敷的硬塑料管在易受机械损伤的部分应加钢管保护。如埋地敷设引向设备时，对伸

出地面200mm段、伸入地下50 mm段，应用同一钢管保护。硬塑料管与热力管间距也不应小于50 mm。

3. 穿线

管道敷设完毕，应将导线穿入管道。穿线通常按下列三个步骤进行。

（1）检查管口与穿引线铁丝

管口是否倒角，是否有毛刺，必须在穿线前再次检查，以免穿线时割伤导线，然后向管内穿入1.2 ～ 1.6 mm的引线铁丝，用它将导线拉入管内。如果管径较大，转弯较小，可将引线铁丝从管口一端直接穿入，为了避免管内壁上凸凹部分挂住铁丝，要求铁丝头部做成如图4-42（a）所示的弯钩。如果管道较长、转弯较多或管径较小，一根引线铁丝无法直接穿过时，可用两根铁丝分别从两端管口穿入。但应将引线铁丝端头弯成钩状，如图4-42（b）所示，使两根铁丝穿入管子中间能互相钩住，如图4-42（c）所示，然后将要留在管内的铁丝一端拉出管口，使管内保留一根完整铁丝，两头伸出管外，并绕成一个大圈，使其不得缩入管内，以备穿线之用。

（2）放线和扎结线头

在放管内导线时，管子内需穿入多少根，就应按管子的长度（加上线头及裕量）放出多少根，然后将这些线头剥去绝缘层，扭绞后按图4-43所示方法，将其紧扎在引线铁丝头部。

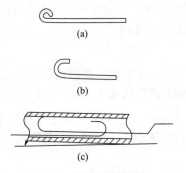

（a）

（b）

（c）

图4-42　线管穿引线铁丝

图4-43　引线铁丝与线头绑扎

（3）穿线

穿线前，应在管口套上橡皮或塑料护圈，以避免穿线时，在管口内侧割伤导线绝缘层。然后由两人在管子两端配合穿线入管，位于管子前端的人慢慢拉引线铁丝，位于管子后端的人慢慢将线束理顺送入管内，如图4-44所示。如果管道较长、转弯较多或管径太小而造成穿线困难时，可在管内适量加入滑石粉以减少摩擦，但不得用油脂或石墨粉，以免损伤导线绝缘或将导电粉尘带入电气管道。

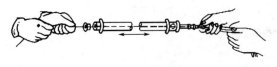

图4-44　导线穿管

穿线时，应尽可能将同一回路的导线穿入同一根线管。不同回路或不同电压的导线不得穿入同一根线管。所穿导线绝缘层耐压不应低于500V，最小截面铜芯线不小于$1mm^2$，铝芯线不小于$2.5mm^2$。每根线管内穿线最多不超过10根。

二、线槽配线

塑料槽板布线是把绝缘导线敷设在塑料槽板内，上面用盖板把导线盖住。这种布线方式适用于办公室等干燥房屋内的照明，也适用于工程改造更换线路以及弱电线路吊顶内暗敷等场所使用。塑料槽板布线通常在墙体抹灰粉刷后进行。

线槽的种类很多，如图4-45所示，不同场合应合理选用。如一般室内照明等线路选用PVC矩形截面的线槽；如果用于地面布线应采用带弧形截面的线槽；用于电气控制一般采用带隔栅的线槽。

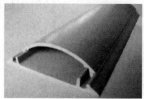

图4-45 线槽

技能实训

一、实训目标

掌握塑料槽板布线的安装技能。

二、实训器具材料

绝缘导线、塑料槽板、塑料槽板、配套分接盒、木螺钉等。

三、实训内容步骤

塑料槽板布线的步骤：选择线槽→划线定位→固定槽板→敷设导线→固定盖板。

1. 选择线槽

根据导线直径及各段线槽中导线的数量确定线槽的规格。并根据电源、开关盒、灯座的位置，量取各段线槽的长度，用钢锯分别截取。在线槽直角转弯处应采用45°拼接，如图4-46所示。

2. 划线定位

按设计图确定进户线、盒、箱等电气器具固定点的位置，从始端至终端（先干线后支线）找好水平或垂直线，用粉线袋在线路中心弹线，分均档，用笔画出加档位置后，再细查木砖是否齐全，位置是否正确，否则应及时补齐。

3. 固定槽板

用手电钻在线槽内钻孔，用作线槽的固定，如图4-47所示。相邻固定孔之间的距离应根据线槽的长度确定，一般距线槽的两端为5～10mm，中间为300～500mm。线槽宽度超过50mm，固定孔在同一位置的上下分别钻两个孔，中间两钉之间距离一般不大于500mm。

图4-46　拼接

图4-47　钻孔

　　将钻好的线槽沿走线的路径用自攻螺钉或木螺钉固定。如果是固定在砖墙上，应在固定位置上画出记号如图4-48所示，用冲击钻或电锤在相应位置钻孔，其深度应略大于塑料胀管或木榫的长度。埋好木榫，用木螺钉固定槽底，也可以用塑料胀管固定槽底。线槽配线在穿过楼板或墙壁时，应用保护管，而且穿楼板处必须用钢管保护，其保护高度距地面不应低于1.8m。装设开关的地方可引至开关的位置，过变形缝时应做补偿处理。

4. 敷设导线

　　导线敷设到灯具、开关、插座等接头处，要留出长100mm左右导线，用作接线。在配电箱和集中控制的开关板等处，按实际需要留足长度，并做好统一标记，以便接线时识别。

　　敷设导线应以一分路一条PVC槽板为原则。PVC槽板内不允许有导线接头，以减少隐患，如果必须接头时要加装接线盒。

5. 固定盖板

　　在敷设导线的同时，边敷线边将盖板固定在槽板底板上，如图4-49所示。

图4-48　做标记

图4-49　固定盖板

四、考核与评价

1. 任务考核

任务考核见表4-21。

表4-21　任务考核

项目	评分标准		配分	得分
认识与选择线槽	①不能正确认识线槽	每次扣2分	20分	
	②不能正确选择线槽	扣5分		
线槽安装	①不能正确使用安装工具	扣5分	80分	
	②不能正确锯割线槽	扣5分		
	③线槽安装步骤不规范	扣5分		
	④线槽安装不符合工艺要求	每处扣2分		
	⑤剩余线槽长度每超过1m	扣2分		
安全文明生产	违反安全文明生产或电工操作规程倒扣10分			

2. 总结与评价

以小组为单位，选择演示文稿、展板、海报、录像等形式中的一种或几种，向全班展示、汇报学习成果，根据表4-22进行总结与评价。

表4-22 项目总结与评价

班级：_____ 小组：_____ 姓名：_____			指导教师：_____ 日期：_____				
评价项目	评价标准	评价依据	评价方式			权重	得分小计
			学生自评 20%	小组互评 30%	教师评价 50%		
职业素养	①遵守企业规章制度、劳动纪律 ②按时按质完成工作任务 ③积极主动承担工作任务，勤学好问 ④人身安全与设备安全	①出勤 ②工作态度 ③劳动纪律 ④团队协作精神				0.6	
创新能力	①在任务完成过程中能提出自己的有一定见解的方案 ②在教学或生产管理上提出建议，具有创新性	①方案的可行性及意义 ②建议的可行性				0.4	
合计							

项目五
照明线路的故障检修

知识目标

1. 了解白炽灯常见故障原因。
2. 掌握白炽灯线路的故障检查方法。
3. 掌握白炽灯线路的故障排除方法。

能力目标

1. 能够培养学生安全意识、文明生产意识。
2. 能够对白炽灯控制线路的故障进行检修。

素质目标

1. 培养学生查阅资料、自我学习的能力。
2. 培养学生独立思考的能力。
3. 培养学生解决工程问题的能力。
4. 培养学生团队合作能力。
5. 培养学生创新意识与能力。

基础知识

　　白炽灯常见故障有灯泡不亮，灯光闪烁、加熔丝后立即熔断、发光暗红、发光强烈等几种。下面分析产生这些故障的可能原因及检修方法。

一、灯泡不亮

1. 灯丝断开

可用肉眼直接观察。如是有色灯泡，观察不便，用万用表 $R \times 1k\Omega$ 电阻挡检查。将两表笔接触灯泡两个触点，指针不动，即可判断灯丝断开，只有更换新灯泡。

2. 灯泡与灯座接触不良

对插口灯座，停电后检查灯头中两个弹性触头是否丧失弹性，有的旧灯座因使用时间过长，弹性触点内的弹簧锈断，无法使触点与灯泡良好接触。

3. 开关接触不良

开关接触不良多是因使用过久，弹簧疲劳或失效，以致动作后不能复位，可以通过调整弹簧挂钩位置，以增强弹簧弹力，如仍不行，只有换弹簧或换新开关。

4. 线路开路

若线路有电，接通开关后，用测电笔检查灯头两接线桩，正常时，有一个接线桩带电，另一个接线桩无电。如果两个接线桩都无电，是火线开路，应检查开关、熔断器等的进出线桩头是否有电，从而判断它们是否接触不良或熔丝熔断。若开关、熔断器正常，应在线路上检查开路点，首先怀疑的是线路接头处，应从灯头起逆着电流方向逐点解开接头处的绝缘带，假若查第一点无电，第二点有电，则开路点必定在有电点和无电点之间。

在灯头上接有灯泡的情况下，如果测电笔测出灯头两接线桩上都有电，是灯头前面的零线开路，仍用测电笔沿着线路逆着电流方向逐点检查，其故障点仍在有电点与无电点之间。

二、加上熔丝立即被熔断

①线路或灯具内部火线与零线间短路。

照明电路多用并联供电，只要有任一点短路，在发生短路的相关线路上将有大电流通过，使熔丝熔断，造成熔丝后面的电路断电。这种故障检查比较麻烦，下面介绍短路故障的检查法。

将烧断熔丝的那只熔断器保护范围内的全部用电器断开(如果是几幢楼房或楼层，可将各幢楼房或楼层的总熔断器断开)，然后将已换上同规格新熔丝的熔断器接通，如果熔丝不再熔断，说明故障在支路熔断器后面的用电设备本身或该熔断器以后的支路上。这时可以对逐个用电设备或逐条支路送电，每接通一个设备或一条支路，若工作正常，则该设备或支路无短路故障。如果送电到某设备或某支路时，熔丝熔毁，则短路点就在该设备或该支路上。然后在这个小范围内查找。通常短路故障多发生在火线、中线距离较近的地方，如灯头内、挂线盒内、接线盒内等线路接头处或电线管道的进出口处。

②负载过大或熔丝过细。

线路负载过大或所用熔丝过细，均可能造成熔丝非正常熔断，使该线路停电。检查负载是否过大，可用钳形电流表或其他电流表检查干路电流，并与该电路额定工作电流相比较，若实际测得电流远大于额定电流，则系负载过大，若实测电流值不是远大于额定电流值，熔丝又容易熔断，则应检查熔丝规格是否偏小。

③胶木灯座两触头之间的胶木碳化漏电。

三、灯光暗红

灯光暗红是指灯泡发光暗淡，照度明显下降，其直接原因是供给灯泡的电压不足，使其不能正常发光。造成灯泡电压不足的原因和检查方法如下。

1. 灯座、开关或导线对地严重漏电

电路和电器严重漏电，加重电路负荷，会使灯泡两端电压下降，造成发光暗淡。是否有漏电故障，仍可用检测负载电流与额定电流相比较的方法进行判断，如果实测电流比负载额定电流大得多，说明该电路有漏电故障。再逐点检查灯座、开关、插座和线路接头，特别要细心检查导线绝缘破损处、线路的裸露部分是否碰触墙壁或其他对地电阻较小的物体，线头连接处绝缘层是否完全恢复、线路和绝缘支持物是否受潮或受其他腐蚀性气体、盐雾等的侵蚀，进出电线管道处的绝缘层是否有破损。

2. 灯座、开关、熔断器等接触电阻大

如果这些器件接触不良使接触电阻变大，电流通过时发热，将损耗功率，使灯泡供电电压不足，发光暗红。检查这类故障时，在线路工作状态，只要用手触摸上述电器的绝缘外壳，会有明显温升的感觉，严重时特别烫手。对这种电器应拆开外壳或盖子，检查接触部位是否松动，是否有较厚的氧化层，并针对故障进行检修。若是由于高热使触头退火变软而失去弹性的电器，必须更换。

3. 导线截面太小，电压损失太大

发光暗红时，如果不是因为线路负载过重，应怀疑是否是线路电压损失过大造成。检查方法是先查线路实际电流，确定是否负荷过重。如果不是，再分别检查送电线路的首尾两端电压，这两者的差值即为电压损失，看其是否超出允许值。若系电压损失过大，通常都通过加大线路横截面来解决。对移动式电器，如果条件允许，还可用减小导线长度来解决。

一、实训目标

掌握白炽灯不亮的故障检修。

二、实训器具材料

模拟照明线路盘、万用表、胶布、电工常用工具等。

三、实训内容步骤

1. 观察故障现象

接通电源，按下开关，灯泡不亮。

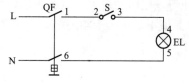

图5-1　白炽灯控制线路

2. 根据故障现象并结合原理图分析故障原因

故障现象为灯不亮，参考如图5-1所示的原理图分析可知，引起故障的原因是：一是 U_{LN} 电源不正常（即L与N之间的电压）；二是整个线路中出现了开路点。

3. 根据故障原因确定故障范围

①分析出现 U_{LN} 电源不正常的范围是电源进线L、N至配电系统之间出现故障。

②分析整个线路中出现开路点的范围 L→1→2→S→3→4→EL→5→6→N 中。

4. 根据前面的分析确定检修方法及步骤

在实际检修时应本着"先确定有无电源，再查易损件，后查线路"的原则。

1）用万用表电压挡测量电源 U_{LN} 是否正常。测量电源电压时，若不正常时，测量检查电源侧的供电线路，直到找到故障点并排除。若电源正常时，继续从第2）步往下检查。

2）检查灯泡的好坏。

①停电验电。断开电源开关，用测电笔验电。

②观察灯泡的灯丝是否断开（灯泡是易损件）。

首先用眼睛直接观察灯泡的灯丝是否断开。如果有色灯泡，观察不便，用万用表 $R\times1k$ 电阻挡检查。将两表笔接触灯泡两个触点，指针不动，即可判断灯丝断开，只有更换新灯泡。

3）检查灯泡与灯座是否接触不良。对插口灯座，停电后检查灯头中两个弹性触头是否丧失弹性，有的旧灯座因使用时间过长，弹性触点内的弹簧锈断，无法使触点与灯泡良好接触，只能更换灯座。

4）检查开关的好坏。

①用手扳动开关，试开关是否正常，否则更换新开关。

②用万用表电阻挡测试开关的通断是否正常，否则更换新开关。

5）检查线路是否正常。当合上电源开关，线路有电，再接通开关后，用测电笔检查灯头两接线桩，正常时，有一个接线桩带电，另一个接线桩无电。如果两个接线桩都无电，是火线开路。应检查开关、熔断器等的进出线桩头是否有电，从而判断它们是否接触不良或熔丝熔断。若开关、熔断器正常，应在线路上检查开路点，首先怀疑的是线路接头处，应从灯头起逆着电流方向逐点前检查，如图5-1所示。当检查"2"点无电而"1"点有点，则开路点必定在有电点"1"和无电点"2"之间，则说明这段导线的有问题并修复。

在灯头上接有灯泡的情况下，如果测电笔测出灯头两接线桩上都有电，是灯头前面的零线开路，仍用测电笔沿着线路逆着电流方向逐点检查，其故障点仍在有电点与无电点之间。

四、考核与评价

1. 任务考核

任务考核见表5-1。

表5-1　任务考核

项目	评分标准		配分	得分
工具的使用	①不能正确使用测电笔 ②不能正确使用万用表	每次扣5分 每次扣5分	20分	
故障检修	①故障检修思路不清楚 ②停电不验电 ③检测方法有误 ④检测结果有误 ⑤不会检测者	每次扣2分 每次扣1分 扣20分 扣10分 扣40分	60分	
故障点修复	不能修复故障者	扣5分	20分	
安全文明生产	违反安全文明生产者倒扣10分，出现人身安全者本任务考核评价不合格			

2. 总结与评价

以小组为单位，选择演示文稿、展板、海报、录像等形式中的一种或几种，向全班展示、汇报学习成果，根据表5-2进行总结与评价。

表5-2　项目总结与评价

班级：_____ 小组：_____ 姓名：_____		指导教师：_____ 日期：_____					
评价项目	评价标准	评价依据	评价方式			权重	得分小计
			学生自评 20%	小组互评 30%	教师评价 50%		
职业素养	①遵守企业规章制度、劳动纪律 ②按时按质完成工作任务 ③积极主动承担工作任务，勤学好问 ④人身安全与设备安全	①出勤 ②工作态度 ③劳动纪律 ④团队协作精神				0.6	
创新能力	①在任务完成过程中能提出自己的有一定见解的方案 ②在教学或生产管理上提出建议，具有创新性	①方案的可行性及意义 ②建议的可行性				0.4	
合计							

任务二　荧光灯线路的检修

知识目标

1. 了解荧光灯、高压汞灯和碘钨灯的常见故障原因。
2. 掌握荧光灯线路的检修及故障排除方法。
3. 掌握其他常用灯具线路的检修及故障排除方法。

能力目标

1. 能够培养学生安全意识、文明生产意识。
2. 能够对白炽灯控制线路的故障进行检修。

素质目标

1. 培养学生查阅资料、自我学习的能力。
2. 培养学生独立思考的能力。
3. 培养学生解决工程问题的能力。
4. 培养学生团队合作能力。
5. 培养学生创新意识与能力。

基础知识

一、荧光灯的维修

与白炽灯相比，荧光灯线路较为复杂，使用中出现的故障相应增多，现将其故障现象、产生故障的可能原因及检修方法列于表5-3中。具体可根据出现的情况进行检修。

表5-3 荧光灯常见故障分析一览表

故障现象	产生故障的可能原因	检修方法
接通电源，灯管完全不发光	①荧光灯供电线路开路或接触不良 ②启辉器坏或与座接触不良 ③新装荧光灯可能接线错误 ④灯丝断开或灯管漏气 ⑤灯脚与灯座接触不良 ⑥镇流器线圈开路或与灯管不配套 ⑦电源电压太低或线路压降太大	①检修供电电路，排除故障点 ②换新或检修启辉器座 ③改正灯具接线 ④调换新灯管 ⑤检修灯座，去除灯脚氧化层 ⑥换合格镇流器 ⑦用交流稳压器稳定供电电压
灯管两头发红但不启辉	①启辉器内电容击穿或氖泡内动、静触片粘连 ②电源电压太低或线路压降太大 ③气温太低 ④灯管老化	①换合格启辉器 ②用交流稳压器稳压 ③避免冷风直吹灯管或热敷灯管 ④换新灯管
灯管启辉困难，两端不断闪烁，中间不启辉	①启辉器不配套 ②电源电压太低 ③环境温度太低 ④镇流器与灯管不配套，启辉电流小 ⑤灯管陈旧	①换配套启辉器 ②配交流稳压器 ③热敷灯管 ④换配套镇流器 ⑤换新灯管
灯管发光后立即熄灭	①接线错误，烧断灯丝 ②镇流器内部短路，灯管两端电压偏高而烧断灯丝	①改正接线后，换新灯管 ②换合格镇流器后再换新灯管
灯管两头发黑或有黑斑	①启辉器内电容击穿或氖泡内动、静触片粘连 ②灯管内水银凝结 ③启辉器性能不好或与座接触不良 ④镇流器不配套 ⑤线路电压太高，加速灯丝发射物蒸发 ⑥灯管使用时间过长，使两头发黑	①换新启辉器 ②属正常现象 ③换合格启辉器或检修故障点 ④换合格镇流器 ⑤用交流稳压器稳压 ⑥换新灯管
灯管亮度变低或色彩变差	①气温低，影响水银气化 ②电源电压低或线路电压损失大 ③灯管上积垢太多 ④灯管陈旧 ⑤镇流器不配套，使电路工作电流小	①对灯管加防风设备 ②加交流稳压器 ③清洁灯管 ④换新灯管 ⑤换配套镇流器
灯光闪烁	①新灯管的暂时现象 ②启辉器坏 ③线路连接点接触不良，时通时断	①启动几次即可正常 ②换合格启辉器 ③排除线路故障点
灯管点亮后有交流嗡声或其他杂声	①镇流器硅钢片未插紧 ②电源电压太高 ③镇流器过载或内部短路 ④启辉器性能不良 ⑤镇流器温升过高	①换合格镇流器 ②加交流稳压器 ③换合格镇流器 ④换新启辉器 ⑤换合格镇流器
镇流器过热	①灯架内温升过高，散热不好 ②电源电压偏高 ③镇流器质量不佳 ④灯管闪烁时间或连续通电时间过长	①改善灯架通气条件 ②接入交流稳压器 ③换合格镇流器 ④排除灯管闪烁故障，适当缩短通电时间

二、高压汞灯检修

高压汞灯又叫高压水银灯，与荧光灯类似，是气体放电光源，只是灯泡内水银蒸气压力更高，光通量更大。适于车间、礼堂、广场、车站及路灯等大面积照明。高压汞灯按结构不同，有外镇流式和自镇流式两种。

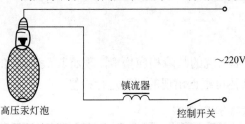

~220V

镇流器

高压汞灯泡   控制开关

图5-2 外镇流式高压汞灯电路

外镇流式高压汞灯由于线路简单，如图5-2所示，与荧光灯相比，它产生的故障比较少。表5-4列出了高压汞灯常见故障现象的可能原因及其检修方法，供参考。

表5-4 高压汞灯常见故障的排除

故障现象	产生故障可能原因	排除方法
不能启辉	①电源电压过低 ②镇流器不配套，使电流过小 ③灯泡内构件损坏	①有条件时提高电源电压 ②要换配套镇流器 ③更换灯泡
只亮灯芯	灯泡的玻璃外壳漏气或破裂	更换灯泡，暂时买不到可凑合使用
亮而忽熄	①电源电压下降 ②灯座、镇流器或开关接线松动或接触不良 ③灯泡损坏	①加交流稳压器 ②检修开关、灯座、镇流器和检修线头连接处 ③更换灯泡
开而不亮	①熔丝熔断 ②开关失灵或开关内接触松脱 ③镇流器线圈烧断或接线松脱 ④灯座中心弹簧片未弹起 ⑤线路开路 ⑥灯泡损坏	①更换同规格熔丝 ②检修或更换开关 ③更换镇流器或检修线路 ④用尖嘴钳挑起弹簧片 ⑤按上节白炽灯检修方法检修线路 ⑥更换灯泡

三、碘钨灯线路检修

碘钨灯由于线路简单，出现的故障较少。它的常见故障现象、产生故障的可能原因及检修方法见表5-5。

表5-5 碘钨灯常见故障的检修

故障现象	产生故障可能原因	检修方法
通电后不亮	①熔丝熔断 ②供电线路开路 ③灯脚与导线接触不良 ④开关失灵或动、静触点松脱 ⑤灯管损坏 ⑥因反复热胀冷缩使灯脚密封处松动，接触不良	①更换同规格熔丝 ②按上节白炽灯线路检修方法检修 ③重新接线 ④检修或更换开关 ⑤更换灯管 ⑥更换灯管
灯管寿命短	①安装水平倾斜度过大 ②电源电压波动较大	①调整水平倾斜度在4°以内 ②加交流稳压器

技能实训 ✋

一、实训目标

学会荧光灯组装与维修。

二、实训器具材料

荧光灯一套、万用表、胶布、电工常用工具等。

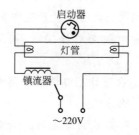

图5-3　荧光灯电气原理图

三、实训内容与步骤

1. 绘制荧光灯电气原理图

图5-3为荧光灯电气原理图。

2. 组装荧光灯

安装步骤如下。

（1）准备灯架

根据日光灯灯管长度的要求，购置或制作与之配套的灯架。

（2）组装灯架

对分散控制的日光灯，将镇流器安装在灯架的中间位置，对集中控制的几盏日光灯，几只镇流器应集中安装在控制点的一块配电板上。然后将启辉器座安装在灯架的一端，两个灯座分别固定在灯架的两端，中间距离要按所用灯管长度量好，使灯管两端灯脚既能插进灯座插孔，又能有较紧的配合。各配件位置固定以后，按电路图进行连线，只有灯座才是边接线边固定在灯架上。接线完毕，要对照电路图详细检查，以免接错、接漏。有条件的可以购买现成的灯架。

（3）固定灯架

固定灯架的方式有吸顶式和悬吊式两种。悬吊式又分为金属链条和钢管悬吊两种。安装前先在设计的固定点打孔预埋合适的紧固件，然后将灯架固定在紧固件上。最后把启辉器旋入底座，把日光灯装入灯座，开关、熔断器等按白炽灯的安装方法进行接线。检查无误后，即可进行通电试用。

3. 故障检修

①观察故障现象。接通电源，按下开关，灯管完全不发光。

②根据故障现象并结合原理图分析故障原因，确定故障范围。

③根据分析故障原因进行检修，检修内容与方法如下。

[安全提示]

整个检修过程中一定要注意安全文明生产。

a. 检查电源电压是否太低或线路电压降太大。用万用表交流电压挡检查日光灯电源电压。

b. 检查启辉器损坏或与底座接触不良。拔下启辉器用短导线将两触头接通，如果这时灯管两端发红，取掉短路线时灯管即启辉（有时一次不行，需要几次），则可以证明时启辉器损坏或与底座接触不良。可以检查启辉器与底座部分是否有较厚的氧化层、脏物或接触点簧片弹性不足。如果接触不良故障消除后，灯管仍不启辉，则说明是启辉器损坏，需要更换。

c. 检查灯管灯丝是否断开或灯管漏气。判断灯丝是否断路，可取下灯管，用万用表电阻挡分别检测两端灯丝。若指针不动，表明灯丝已经断开。如果灯管漏气，刚通电时管内就产生白雾，灯丝也立即被烧断。

d. 灯脚与灯座接触不良。除去灯脚与灯座接触面上的氧化物，再插入通电试用。

e. 检查日光灯供电线路开路或附件接触不良。可以参照白炽灯开路故障的检查与排除方法。

f. 对新装的日光灯，检查是否接线错误。应对照线路图，仔细检查，若是接线错误应更正。

g. 镇流器内部线圈开路，接头松动或灯管不配套。可用一个在其他日光灯路上正常工作而又与该灯管配套的镇流器代替。如灯管正常工作，则证明镇流器有问题，应更换。

④恢复故障，通电调试。

最后，收拾工具，清扫场地。

四、考核与评价

1. 任务考核

任务考核见表5-6。

表5-6　任务考核

项目	评分标准		配分	得分
工具的使用	①不能正确使用测电笔 ②不能正确使用万用表	每次扣5分 每次扣5分	20分	
设计电路图	①绘图不规范 ②不会设计电路图 ③电路保护功能不完善	每处扣2分 扣10分 扣2分	10分	
故障检修	①故障检修思路不清楚 ②停电不验电 ③检测方法有误 ④检测结果有误 ⑤不会检测	每次扣2分 每次扣1分 扣20分 扣10分 扣40分	50分	
故障点修复	不能修复故障	扣5分	20分	
安全文明生产	违反安全文明生产者倒扣10分，出现人身安全者本任务考核评价不合格			

2. 总结与评价

以小组为单位，选择演示文稿、展板、海报、录像等形式中的一种或几种，向全班展示、汇报学习成果，根据表5-7进行总结与评价。

表5-7　项目总结与评价

班级：		指导教师：					
小组：		日期：					
姓名：							

| 评价
项目 | 评价标准 | 评价依据 | 评价方式 | | | 权重 | 得分
小计 |
			学生 自评 20%	小组 互评 30%	教师 评价 50%		
职业 素养	①遵守企业规章制度、劳动纪律 ②按时按质完成工作任务 ③积极主动承担工作任务，勤学好问 ④人身安全与设备安全	①出勤 ②工作态度 ③劳动纪律 ④团队协作精神				0.6	
创新 能力	①在任务完成过程中能提出自己的有一 定见解的方案 ②在教学或生产管理上提出建议，具有 创新性	①方案的可行性及意义 ②建议的可行性				0.4	
合计							

项目六
配电与计量

任务一　家用配电箱的安装与配线

知识目标

1. 了解常用配电箱分类和性能。
2. 掌握家用配电箱选用。
3. 掌握家用配电箱的安装技术要求。

能力目标

1. 能够培养学生安全意识、文明生产意识。
2. 能够正确选择家用配电箱。
3. 能够对配电箱进行安装、配线及检测。

素质目标

1. 培养学生查阅资料、自我学习的能力。
2. 培养学生独立思考的能力。
3. 培养学生解决工程问题的能力。
4. 培养学生团队合作能力。
5. 培养学生创新意识与能力。

基础知识 👆

一、配电箱

　　配电板、配电箱是连接电源与用电设备之间的中间装置，它除了分配电能外，还具有对用电设备进行控制、测量、指示及保护等功能。将测量仪表和控制、保护、信号等器件按一定规律安装在板上，便制成配电板。如果将其装入专用的箱内，便成为配电箱，装在屏上，则为配电屏，如图6-1所示。

图6-1　配电箱、配电屏

1.配电箱的主要作用

　　配电箱是集中安装开关、仪表等设备的成套装置。按电气接线要求将开关设备、测量仪表、保护电器和辅助设备组装在封闭或半封闭金属柜中或屏幅上，构成低压配电装置。正常运行时可借助手动或自动开关接通或分断电路。故障或不正常运行时借助保护电器切断电路或报警。借助测量仪表可显示运行中的各种参数，还可对某些电气参数进行调整，对偏离正常工作状态进行提示或发出信号。常用于各发、配、变电所中。便于管理，方便停、送电，起到计量和判断停、送电的作用。

2.配电箱的分类

　　配电箱按结构特征和用途分类如下。

　　（1）固定面板式开关柜

　　常称开关板或配电屏，如图6-2所示。它是一种有面板遮拦的开启式开关柜，正面有防护作用，背面和侧面仍能触及带电部分，防护等级低，只能用于对供电连续性和可靠性要求较低的工矿企业，作变电室集中供电用。

　　（2）防护式（即封闭式）开关柜

　　指除安装面外，其他所有侧面都被封闭起来的一种低压开关柜，如图6-3所示。这种柜子的开关、保护和监测控制等电气元件，均安装在一个用钢或绝缘材料制成的封闭外壳内，可靠墙或离墙安装。柜内每条回路之间可以不加隔离措施，也可以采用接地的金属板或绝缘板进行隔离。通常门与主开关操作有机械联锁。另外还有防护式台型开关柜（即控制台），面板上装有控制、测量、信号等电器。防护式开关柜主要用作工艺现场的配电装置。

图6-2　配电屏

图6-3　防护式开关柜

（3）抽屉式开关柜

这类开关柜采用钢板制成封闭外壳，进出线回路的电器元件都安装在可抽出的抽屉中，构成能完成某一类供电任务的功能单元，如图6-4所示。功能单元与母线或电缆之间，用接地的金属板或塑料制成的功能板隔开，形成母线、功能单元和电缆三个区域。每个功能单元之间也有隔离措施。抽屉式开关柜有较高的可靠性、安全性和互换性，是比较先进的开关柜，目前生产的开关柜，多数是抽屉式开关柜。它们适用于要求供电可靠性较高的工矿企业、高层建筑，作为集中控制的配电中心。

图6-4　抽屉式开关柜

（4）动力、照明配电控制箱

多为封闭式垂直安装。因使用场合不同，外壳防护等级也不同。它们主要作为工矿企业生产现场的配电装置。动力配电箱主要负荷为动力设备，多为三相供电，电流超出63A，非终端配电，通常只允许专业人员进行造作，如图6-5所示。照明配电箱属终端配电，主要负荷是照明器具、普通插座、小型电动机负荷等，负荷较小，多为单相供电，总电流一般小于63A，单出线电流小于15A，一般允许非专业人员操作，如图6-6所示。

图6-5　动力配电箱

图6-6　照明配电箱

二、低压照明计量配电箱

低压照明计量配电箱主要有配电板、电器元件和外壳等组成。

1. 配电板

家庭用配电板可用厚15～20mm的塑料板或铁板制作，板上装有单相电度表、自动断路器（胶盖闸刀开关）和熔断器等组成。

2. 主要电器组成元件

图6-7为家用配电板。

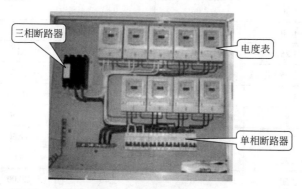

图6-7　家用配电板

（1）单相电度表

单相电度表是累计记录用户一段时间内消耗电能多少的仪表，一般家庭用电量不大，电度表可直接接在线路上。由于有些电度表的接线方法特殊，在具体接线时，应以电度表接线盒盖内侧的线路图为准。单相电度表的选用应注意与家庭全部用电器的总电流相适应。在220V电压下，可根据公式$P=IU$，估算出不同规格的电度表可装接用电器的最大总功率。

（2）自动断路器

在家用配电板上，自动断路器主要用于控制用户电路的通断和电路出现短路、过载故障时切断电路，胶盖瓷底闸刀如图6-8所示。

（3）熔断器

熔断器的功能是在电路短路和过载时起保护作用。当电路上出现过大的电流或短路故障时，则熔丝熔断，切断电路，避免事故的发生。家用配电板多用插入式小容量熔断器，由瓷底和插件两部分组成，如图6-9所示。熔丝的选择应视熔丝后面用电器电流总量的大小而定。电流越大，所用熔丝规格越大，常用铅锡合金熔丝规格见表6-1。

如果在配电板上发现熔丝熔断，应查明原因，如线路有故障，应排除故障后再换上同规格熔丝。装换熔丝时不得任意加粗，更不准用其他金属丝代替。

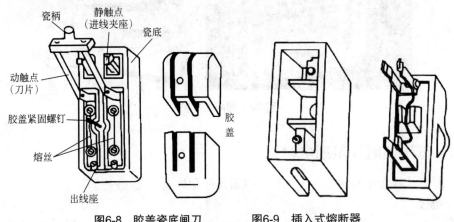

图6-8　胶盖瓷底闸刀　　　图6-9　插入式熔断器

表6-1　常用铅锡合金熔丝的规格

直径/mm	额定电流/A	熔断电流/A	直径/mm	额定电流/A	熔断电流/A
0.28	1.00	2.00	0.81	3.75	7.50
0.32	1.10	2.20	0.98	5.00	10.00
0.35	1.25	2.50	1.02	6.00	12.00
0.36	1.35	2.70	1.25	7.50	15.00
0.40	1.50	3.00	1.51	10.00	20.00
0.46	1.85	3.70	1.67	11.00	22.00
0.52	2.00	4.00	1.75	12.50	25.00
0.54	2.25	4.50	1.98	15.00	30.00
0.60	2.50	5.00	2.40	20.00	40.00
0.71	3.00	6.00	2.78	25.00	50.00

3. 家用配电箱的安装工艺

（1）板面器件的安排

照明配电板结构比较简单，参照如图6-10所示电路图中涉及的元器件进行布局。电度表一般装在板面的左边或上方。断路器装在右边或下方。板面上器件之间的距离应满足工艺的要求。

（2）板面器材的安装

按照工艺的要求将电度表、断路器、熔断器位置确定之后，用铅笔作上记号，并在穿线的位置钻孔，然后用木螺钉将这些器件固定在已确定的位置上，按图6-11所示进行接线。接线方式分板后配线（暗敷）与板面配线（明敷）两种，板后配线是将接线端头从孔中穿出，并与相应接线桩连接。在配电板上元器件的安装工艺和线路敷设工艺要求如下。

1）元器件安装工艺要求。

①配电板上要按预先的设计进行安装，元器件安装位置必须正确，倾斜度不超过1.5～5mm，同类元器件安装方向必须保持一致。

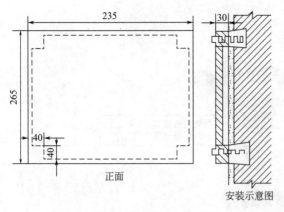

图6-10 配电板尺寸与上墙示意图

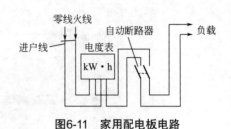

图6-11 家用配电板电路

②元器件安装牢固，稍加用力摇晃无松动感。

③文明安装、小心谨慎，不得损伤、损坏器材。

2）线路敷设工艺要求。

①照图施工、配线完整、正确，不多配、少配或错配。

②在有主电路又有辅助电路的配电板上敷线，两种电路必须选用不同颜色的线以示区别。

③配线长短适度，线头在接线桩上压接不得压住绝缘层，压接后裸线部分不得大于1mm。

④凡与有垫圈的接线桩连接，线头必须做成"羊眼圈"，且"羊眼圈"略小于垫圈。

⑤线头压接牢固，稍用力拉扯不应有松动感。

⑥走线横平竖直，分布均匀。转角圆成90°，弯曲部分自然圆滑，全电路弧度保持一致，转角控制在90°±2°以内。

⑦长线沉底，走线成束。同一平面内不允许有交叉线。必须交叉时应在交叉点架空跨越，两线间距不小于2mm。

⑧布线顺序一般以电度表或接触器为中心，由里向外，由低向高，先装辅助电路后装主电路。即以不妨碍后继布线为原则。

⑨对螺旋式熔断器接线时，中心接片接电源，螺口接片接负载。

⑩上墙。配电板应安装在不易受振动的建筑物上，板的下缘离地面1.5～1.7m。安装时除注意预埋紧固件外，还应保持电度表与地面垂直，否则将影响电度表计数的准确性。

技能实训

一、实训目标

掌握配电箱的配线安装技巧。

二、实训器具材料

配电箱体、导轨、短路器、配线扎带、配线导线、电工工具。

三、实训内容步骤

1. 安装箱体内导轨

箱体安装完毕后，安装箱体内导轨，如图6-12所示。

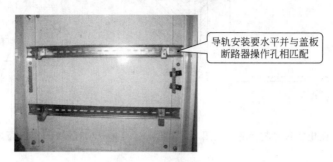

导轨安装要水平并与盖板断路器操作孔相匹配

图6-12　安装箱体内导轨

2. 安装箱体内断路器

断路器安装时首先要注意箱盖上安装孔位置，保证断路器位置在箱盖预留位置。其次断路器安装时要从左向右排列，断路器预留位应为一个整位，如图6-13所示。

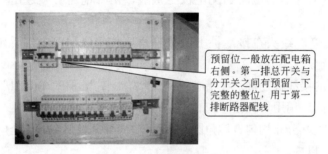

预留位一般放在配电箱右侧。第一排总开关与分开关之间有预留一下完整的整位，用于第一排断路器配线

图6-13　安装箱体内断路器

3. 配电箱中的零线配线

如图6-14所示，具体要求如下。

①照明及插座回路一般采用2.5mm²导线，每根导线所串联空开数量不得大于3个。空调回路一般采用2.5mm²或4.0mm²导线，一根导线配一个断路器。

②不同相之间零线不得共用，如由A相配出的第一根黄色导线连接了两个16A的照明断路器，那么A相所配断路器零线也只能配这两个断路器，配完后直接边接到零线接线端子上。

③箱内配线要顺直不得有纹接现象，导线要用塑料扎带绑扎，扎带大小要合适，间距要均匀。

④导线弯曲应一致，且不得有死弯，防止损坏导线绝缘皮及内部铜芯。

4. 断路器配线

如图6-15所示，具体要求如下。

①A相线为黄、B相线为绿、C相线为红。

②照明及插座回路一般采用2.5mm²导线，每根导线所串联断路器数量不得大于3个。空调回路一般采用2.5mm²或4.0mm²导线，一根导线配一个断路器。

③由总开关每相所配出的每根导线之间零线不得共用，如由A相配出的第一根黄色导线

连接了两个16A的照明断路器，那这两个照明断路器一次侧零线也是只从这两个断路器一次侧配出直接连接到零线接线端子。

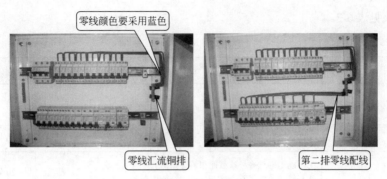

图6-14　零线配线

④箱体内总断路器与各分断路器之间配线一般走左边，配电箱出线一般走右边。

⑤箱内配线要顺直不得有纹接现象，导线要用塑料扎带绑扎，扎带大小要合适，间距要均匀。

⑥导线弯曲应一致，且不得有死弯，防止损坏导线绝缘皮及内部铜芯。

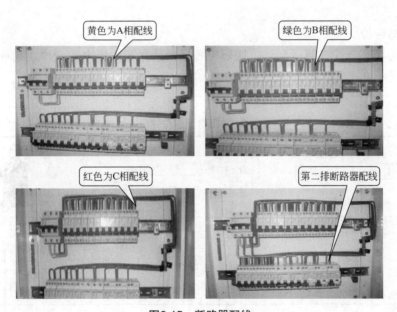

图6-15　断路器配线

5. 导线绑扎

如图6-16所示，具体要求如下。

①导线要用塑料扎带绑扎，扎带大小要合适，间距要均匀，一般为100mm。

②扎带扎好后，不用的部分要用钳子剪掉。

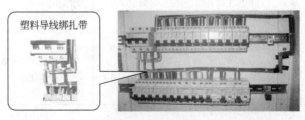

图6-16　导线绑扎

四、考核与评价

1. 任务考核

任务考核见表6-2。

表6-2　任务考核

项目	评分标准		配分	得分
正确选择配电箱与断路器	①不能正确选择配电箱 ②不能正确选择断路器	扣10分 扣10分	20分	
工具的使用	不能正确使用电工工具	每次扣2分	10分	
导线选择	①不能正确选择导线截面积 ②导线颜色选择不合适	扣5分 每处扣5分	20分	
安装与配线	①导线配线不正确 ②导线连接不符合工艺要求 ③安装不符合工艺要求 ④接地或接零不符合要求 ⑤损坏电气元件	扣10分 每处扣2分 每处扣2分 每处扣5分 每处扣5分	50分	
安全文明生产	违反安全文明生产倒扣10分			

2. 总结与评价

以小组为单位，选择演示文稿、展板、海报、录像等形式中的一种或几种，向全班展示、汇报学习成果，根据表6-3进行总结与评价。

表6-3　项目总结与评价

班级：_____	指导教师：_____
小组：_____	日期：_____
姓名：_____	

评价项目	评价标准	评价依据	评价方式			权重	得分小计
			学生自评20%	小组互评30%	教师评价50%		
职业素养	①遵守企业规章制度、劳动纪律 ②按时按质完成工作任务 ③积极主动承担工作任务，勤学好问 ④人身安全与设备安全	①出勤 ②工作态度 ③劳动纪律 ④团队协作精神				0.6	
创新能力	①在任务完成过程中能提出自己的有一定见解的方案 ②在教学或生产管理上提出建议，具有创新性	①方案的可行性及意义 ②建议的可行性				0.4	
合计							

任务二　单相电度表的安装与接线

知识目标

1. 了解单相电度表。
2. 理解电度表的结构与工作原理。
3. 掌握单相电度表安装与配线的技术要求。

能力目标

1. 能够培养学生安全意识、文明生产意识。
2. 能够正确选择单相电度表。
3. 能够对单相电度表进行安装、配线及检测。

素质目标

1. 培养学生查阅资料、自我学习的能力。
2. 培养学生独立思考的能力。
3. 培养学生解决工程问题的能力。
4. 培养学生团队合作能力。
5. 培养学生创新意识与能力。

基础知识

一、电度表基本知识

电度表是用来计量电路和电器设备所消耗电能的仪表，又称电能表，如图6-17和图6-18所示。

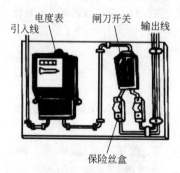

图6-17　家用配电板

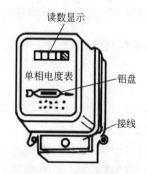

图6-18　单相电度表

1. 电度表的型号

电度表的型号有多个系列，每一个型号中的第一个字母代号D均表示电度表。

（1）DD系列

单相电度表，第二个字母表示单相，多功能电度表型号如下。

DD——单相感应式电度表，如图6-19（a）所示。

DDS——电子式单相电度表，如图6-19（b）所示。

DDSY——单相预付费电子式电度表，如图6-19（c）所示。

DDSYF——单相电子式预付费峰谷分时电度表，如图6-19（d）所示。

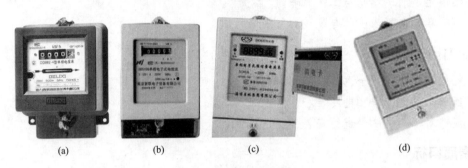

（a）　　　　　　　（b）　　　　　　　（c）　　　　　　　（d）

图6-19　单相电度表

（2）DS系列

三相三线有功电度表，如图6-20所示，第二个字母S表示三相三线制，如DS1型、DS2型、DS5型等。

（3）DT系列

三相四线有功电度表，如图6-21所示，第二个字母T表示三相四线制，如DT1型、DT862型等。

图6-20　三相三线有功电度表

图6-21　三相四线有功电度表

2. 电度表的技术指标

电度表的主要技术指标有以下几个。

（1）额定电流I_b

计算负载的基数电流值，如10A电度表、20A电度表的额定电流分别是10A、20A。

（2）额定最大电流I_{max}

使电度表能长期工作，且误差与温度均满足规定要求的最大负载电流。额定最大电流通常是额定电流的整数倍。在电度表的表盘上，额定电流数值后面括号内的数字就是额定最大电流。如某电度表的盘面上标有"5（10）"的字样，其中5为额定电流值，而括号内的10为额定最大电流，即额定电流为5A的电度表，允许把负载电流增大到不超过10A，这时电度表仍能正常工作。这样，用户用电量增加（总的负载电流不超过10A）时，不必更换电度表。

（3）电度表常数

表示电度表每计量1度电时转盘的转数。

以上性能指标均标注在电度表的盘面上，此外电度表铭牌上还标注有额定电压和频率等。

二、单相感应式电度表

单相电度表按原理划分为感应式和电子式两大类。它的规格多用其工作电流表示，常用的有5A、10A、20A、40A等，它是累计记录用户一段时间内消耗电能多少的仪表，外形如图6-22所示。

感应式电度表采用电磁感应的原理把电压、电流、相位转变为磁力矩，推动铝制圆盘转动，圆盘的轴（蜗杆）带动齿轮驱动计度器的鼓轮转动，转动的过程即是时间量累积的过程。因此感应式电能表的好处就是直观、动态连续、停电不丢数据。感应式电能表对工艺要求高，材料涉及广泛，有金属、塑料、宝石、玻璃、稀土等，产品的相关材料标准都有明确的规定和要求。感应式电能表的生产工艺复杂，但早已成熟和稳定，工装器具也全面配套。生产环境对温度、湿度和空气净化度的要求较高。

1. 结构

感应式电度表主要由四部分组成：驱动元件，包括电流元件和电压元件；转动元件，即转盘；制动元件即制动磁铁；计数器，如图6-22所示。

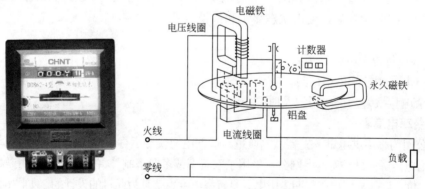

图6-22　单相电度表及工作原理

2. 工作原理

当把电能表接入被测电路时，电流线圈和电压线圈中就有交变电流流过，这两个交变电流分别在它们的铁芯中产生交变的磁通；交变磁通穿过铝盘，在铝盘中感应出涡流；涡流又在磁场中受到力的作用，从而使铝盘得到转矩（主动力矩）而转动。负载消耗的功率越大，通过电流线圈的电流越大，铝盘中感应出的涡流也越大，使铝盘转动的力矩就越大。即转矩的大小跟负载消耗的功率成正比。功率越大，转矩也越大，铝盘转动也就越快。铝盘转动时，又受到永久磁铁产生的制动力矩的作用，制动力矩与主动力矩方向相反；制动力矩的大小与铝盘的转速成正比，铝盘转动得越快，制动力矩也越大。当主动力矩与制动力矩达到暂时平衡时，铝盘将匀速转动。负载所消耗的电能与铝盘的转数成正比。铝盘转动时，带动计数器，把所消耗的电能指示出来。这就是电能表工作的简单过程。

三、单相电子式电度表

电子式电能表比感应式电能表准确度高、功耗低、启动电流小、负载范围宽、无机械磨损等诸多优点，越来越广泛地应用。电子式电能表运用模拟或数字电路得到电压和电流向量的乘积，再经频率变换产生一个频率与电压电流乘积成正比的电能计量脉冲，生成的电量脉冲信号经光电耦合器送到CPU处理，运算后存储于非易失的EEPROM中，并提供显示。由于应用了数字技术，分时计费电能表、预付费电能表、多用户电能表、多功能电能表纷纷登场，进一步满足了科学用电、合理用电的需求。

1. DDSY25型单相全电子式预付费电度表

如图6-23所示预付费电度表可以计量额定频率为50Hz的单相交流有功电能，同时具备先买电后用电的预付费用电管理功能，是适应我国改革用电体制实现电能商品化，有效控制和调节电网负荷的理想产品。

（1）结构及特点

DDSY25型单相全电子式预付费电度表采用专用集成电路进行电能计量，专用掩膜CPU电路进行数据处理、显示和控制继电器动作。组成的两个功能模块分别为电能计量部分和微处理器部分。其主要特点是性能可靠、准确度高、控制电流大、功耗低、体积小、重量轻和使用方便等。

（2）工作原理

电能计量部分使用单相电能测量专用集成电路。该电路产生于用电量成比例的脉冲序列，然后送至微处理管理系统。IC卡上的电量数据通过IC卡导入装置直接送至微处理管理系统，最后由CPU运算后，提供状态显示和报警信号等。

（3）主要功能

①IC卡预付费用电，先买后用，用完断电。

②购电卡自动抄回用电信息，方便管理。

③剩余电量报警，提醒用户及时购电。

2. 复费率电度表

电网公司为平衡供电量，提高供电质量，保证电网安全运行。计量电费采用减少峰期用电，增加谷期用电，降低峰谷差。电网公司采用了双费率或多费率制，将用电高峰时期提高电价，低谷期降低电价，以鼓励用户在谷期多用电。复费率电度表就是为此目的设计的，如图6-24所示。

图6-23 预付费电度表

图6-24 复费率电度表

四、单相电度表的安装与接线

单相电度表的选用应注意与家庭全部用电器的总电流相适应。在220V电压下，可根据公式$P=IU$，估算出不同规格的电度表可装接用电器的最大总功率。

使用电度表时要注意，在低电压（不超过500V）和小电流（几十安）的情况下，电度表可直接接入电路进行测量。在高电压或大电流的情况下，电度表不能直接接入线路，需配合电压互感器或电流互感器使用。对于直接接入线路的电度表，要根据负载电压和电流选择合适规格的，使电度表的额定电压和额定电流等于或稍大于负载的电压或电流。另外，负载的用电量要在电度表额定值的10%以上，否则计量不准。甚至有时根本带不动铝盘转动。所以电度表不能选得太大。若选得太小也容易烧坏电度表。

1. 单相电度表接线

一般家庭用电量不大，电度表可直接接在线路上，单相电度表接线盒里共有四个接线桩，从左至右按1、2、3、4编号。具体接线按编号1、3接进线（1接火线、3接零线），2、4接出线（2接火线、4接零线），如图6-25所示。

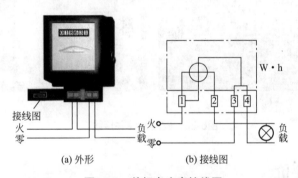

(a) 外形　　　　　(b) 接线图

图6-25　单相电度表接线图

2. 电能表的安装要求

①注意电能表的工作环境。电能表应安装在清洁、干燥的场所，周围不能有腐蚀性或可燃性气体，不能有大量的灰尘，不能靠近强磁场。与热力管线应保持0.5m以上的距离。环境温度应在0～40℃之间。

②明装电能表距地面应在1.8～2.2m之间，暗装应不低于1.4m，装于立式盘和成套开关柜时，不应低于0.7m。电能表应固定在牢固的表板或支架上，不能有振动。安装位置应便于抄表、检查、试验。

③电能表应垂直安装，垂直度偏差不应大于2°。

技能实训

一、实训目标

掌握单相电度表的安装与接线。

二、实训器具材料

电子式电度表、单相配电板一块、铜芯硬塑料线若干、低压断路器（DZ47型）、插座、电工工具等。

三、实训内容步骤

①绘制电路图。

②安装元件。将单相电度表、低压断路器、插座安装在配电板上，如图6-26（a）所示。

③连线。分别把电源与板上的各电气元件按接线图进行连接，如图6-26（b）所示。

④线路检查与通电试验。线路检查无误后，引入总电源线并接通电源，观察电度表运转情况。

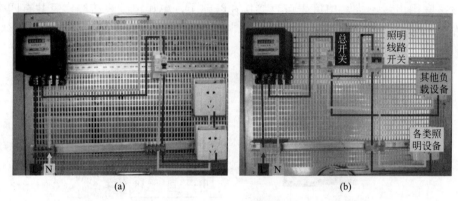

图6-26　安装元件并接线

四、考核与评价

1. 任务考核

任务考核见表6-4。

表6-4　任务考核

项目	评分标准		配分	得分
认识电度表	①不能正确认识单相电度表 ②不能正确选择单相电度表	每次扣5分 扣5分	20分	
工具的使用	不能正确使用电工工具	每次扣2分	10分	
单相电度表安装与配线	①电度表安装不正确 ②电度表接线错误 ③电度表安装不符合工艺要求 ④导线选择不正确	扣10分 扣20分 每处扣2分 扣2分	70分	
安全文明生产	违反安全文明生产倒扣10分			

2. 总结与评价

以小组为单位，选择演示文稿、展板、海报、录像等形式中的一种或几种，向全班展示、汇报学习成果，根据表6-5进行总结与评价。

表6-5 项目总结与评价

班级：				指导教师：				
小组：				日期：				
姓名：								

评价项目	评价标准	评价依据	评价方式			权重	得分小计
			学生自评 20%	小组互评 30%	教师评价 50%		
职业素养	①遵守企业规章制度、劳动纪律 ②按时按质完成工作任务 ③积极主动承担工作任务，勤学好问 ④人身安全与设备安全	①出勤 ②工作态度 ③劳动纪律 ④团队协作精神				0.6	
创新能力	①在任务完成过程中能提出自己的有一定见解的方案 ②在教学或生产管理上提出建议，具有创新性	①方案的可行性及意义 ②建议的可行性				0.4	
合计							

任务三 三相电度表的安装与接线

知识目标

1. 了解三相电度表分类。
2. 掌握三相电度表的接线与安装方法。

能力目标

1. 能够培养学生安全意识、文明生产意识。
2. 能够正确选择三相电度表。
3. 能够对三相电度表进行安装与配线。

素质目标

1. 培养学生查阅资料、自我学习的能力。
2. 培养学生独立思考的能力。
3. 培养学生解决工程问题的能力。
4. 培养学生团队合作能力。
5. 培养学生创新意识与能力。

基础知识

三相电度表分三相三线制和三相四线制两种，如图6-27所示。每种因接线方式不同又分为直接式和间接式两种。直接式三相电度表常用的规格有10A、20A、30A、50A、100A

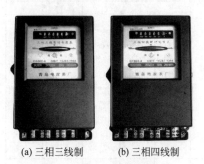

(a) 三相三线制　(b) 三相四线制

图6-27　三相电度表实物图

等多种，用于电流较小的电路中。间接式三相电度表常用的规格是5A，与电流互感器连接使用，测量电流较大的电路。由于各种电度表的接线端子排列不同，所以每种表的具体接线方法应根据表中接线盒的线路图而定。

一、直接式三相电度表的接线

如果负载的功率在电度表允许的范围内，那么就可以采用直接接入法。一般是额定电流小于100A。

1. 直接式三相三线制电度表的接线

如图6-28所示是直接式三相三线制电度表的接线原理图。它共有8个接线端子，从左至右按1、2、3、4、5、6、7、8编号，其中1、4、6是进线端子；3、5、8是出线端子，2和7空着，接线盒内的两块连片不可拆下。三相三线电度表的接线图如图6-29所示。

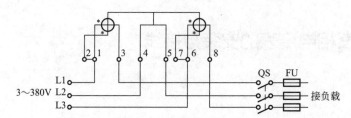

图6-28　直接式三相三线制电度表的接线原理

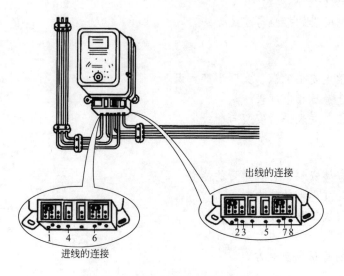

图6-29　三相三线式电度表直接接线

2. 直接式三相四线制电度表的接线

一般三相用电设备的电流不超过100A时，常选用直接式三相四线制电度表。

接线规则：直接式三相四线电度表共有十一个接线桩头，从左到右按1、2、3、4、5、6、7、8、9、10、11编号，其中1、4、7是电源相线的进线桩头；3、6、9是相线的出线桩头，分别去接总开关的三个进线桩头；10、11是电源中线的进线桩头和出线桩头，2、5、8三个接线桩头可空置，如图6-30所示，其接线原理图如图6-31所示。

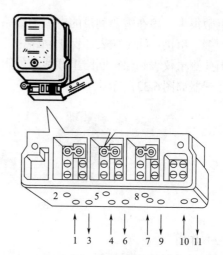

图6-30 电度表的接线柱

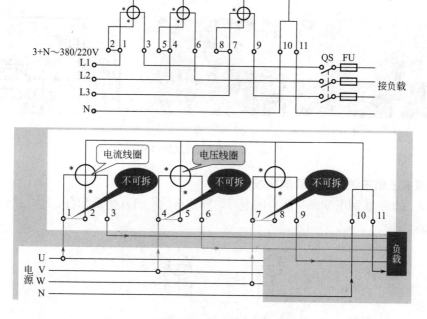

图6-31 直接式三相四线制电度表接线原理

二、间接式三相电度表的接线

测量大电流的三相电路的用电量时，因为线路流过的电流很大，例如300～500A，不可能采用直接接入法，应使用电流互感器进行电流变换，将大的电流变换成小的电流，即电度表能承受的电流，然后再进行计量。一般来说，电流互感器的二次侧电流都是5A，例如300/5、100/5。

1. 电流互感器

（1）原理

电流互感器的依据电磁感应原理。电流互感器是由闭合的铁芯和绕组组成。它的一次绕组匝数很少，串在需要测量的电流的线路中，因此它有线路的全部电流流过，二次绕组匝数比较多，串接在测量仪表和保护回路中，电流互感器在工作时，它的二次回路始终是闭合的，因此测量仪表和保护回路串联线圈的阻抗很小，电流互感器的工作状态接近短路。常用电流互感器如图6-32所示。

图6-32　常用电流互感器

（2）作用

电流互感器的作用是可以把数值较大的一次电流通过一定的变比转换为数值较小的二次电流，用来进行保护、测量等用途。如变比为400/5的电流互感器，可以把实际为400A的电流转变为5A的电流，如图6-33所示。

(a) 每个互感器穿入1匝

(b) 互感器穿入2匝

(c) 互感器铭牌

图6-33　电流互感器接线实物图

2. 间接式三相三线制电度表的接线

间接式三相三线制电度表与两只同型号、同规格的电流互感器配合使用。接线原理图如图6-34所示。

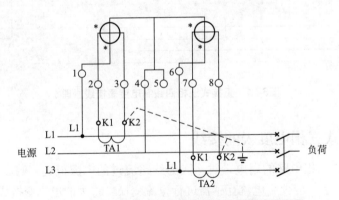

图6-34　三相三线制电度表经电流互感器接线原理图

[操作步骤]

①将从供电单位总熔丝盒下接线端子引出的三根相线中的任意两根分别连接

到两个电流互感器的初级正接线端子上，民用两根导线将两个初级正接线端子与两只熔丝盒的上接线端子相应地连接在一起，余下的一根直接接到总开关的进线端子，并用一根导线把这个进线端子与其他的一只熔丝盒的上接线端子连接起来。

②将三根熔丝盒的下接线端子与三相电度表的三个接线端子2、4和7相应地连接，再将从两只电流互感器初级负极接线端子引出的两根相线分别连接到总开关余下的两个接线端子上。

③将两个电流互感器的次级正接线端子与三相电度表的两个进线端子1、6相应地连接起来。用一根导线的一端并联两个电流互感器的次级负接线端子，另一端连接三相电度表的两个出线端子3、8，并用黄绿双色线接地。接线端子5可空着，并将电度表接线盒的两块连接片拆下，如图6-35所示。

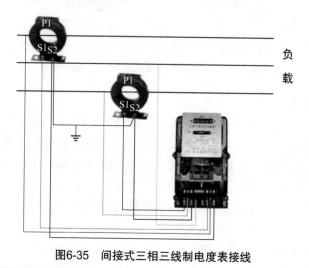

图6-35　间接式三相三线制电度表接线

3. 间接式三相四线制电度表

间接式三相四线制电度表是与三个同型号、同规格的电流互感器配合使用的。电流互感器上有两个初级接线端子各注明"+"和"–"，其接线原理图如图6-36所示，接线如图6-37所示。

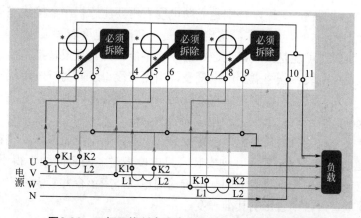

图6-36　三相四线制电度表经电流互感器接线原理图

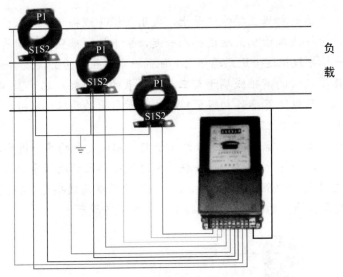

图6-37　三相四线制电度表经电流互感器接线

4. 电度表安装要求

①正确选择电度表。接线前要检查电度表的型号、规格与负载的额定参数，电度表的额定电压与用电器的额定电压相一致，负载的最大工作电流不得超过电度表的最大额定电流，并检查电度表的外观应完好。根据任务选择单相或三相电度表。对于三相电度表，应根据被测线路是三相三线制还是三相四线制来选择。

②与电度表相连接的导线必须使用铜芯绝缘硬线，导线的截面积应能满足导线的安全载流量及机械强度的要求，对于电压回路不应小于$1.5mm^2$，电度表总线必须采用铜芯，其最小截面积不应小于$1.5mm^2$，中间不准有接头，自总熔丝盒到电度表之间沿线敷设长度不宜超过10m。对于电流回路不应小于$2.5mm^2$。截面积为$6mm^2$及以下的导线应采用单股导线。

③电度表总线必须明线敷设或线管明敷，进入电度表时，一般以"左进右出"原则接成。

④极性要接对，电压线圈的首端应与电流线圈的首端一起接到相线上。三相四线有功电度表的零线必须进、出表。

⑤要正确接线，根据说明书的要求和接线图把进线和出线依次对号接在电度表的出线头上；接线时注意电源的相序关系，特别是无功电度表更要注意相序；接线完毕后，要反复查对无误后才能合闸使用。当负载在额定电压下是空载时，电度表铝盘应该静止不动。当发现有功电度表反转时，可能是接线错误造成的，但不能认为凡是反转都是接线错误。下列情况下反转属正常现象：装在联络盘上的电度表，当由一段母线向另一段母线输出电能时，电度表盘会反转；当用两只电度表测定三相三线制负载的有功电能时，在电流与电压的相位差角大于60°，即$\cos\varphi < 0.5$时，其中一个电度表会反转。

⑥安装电度表：电度表通常与配电装置安装在一起，而电度表应该安装在配电装置的下方，其中心距地面1.5～1.8m处；并列安装多只电度表时，两表间距不得小于6～30mm；不同电价的用电线路应该分别装表；同一电价的用电线路应该合并装表；安装电度表时，必须使表身与地面垂直，否则会影响其准确度。

⑦配电板应避免安装在易燃、高温、潮湿、振动或有灰尘的场所。配电板应安装牢固。

⑧二次线应排列整齐，两端穿带有回路标记和编号的"标志头"。

⑨当计量电流超过250A时，其二次回路应经专用端子接线，各相导线在专用端子上的排列顺序：自上至下或自左至右为U、V、W、N。

⑩不允许将电度表安装在负载小于10%额定负载的电路中。

⑪不允许电度表经常在超过额定负载值125%的电路中使用。

⑫正确的读数：当电度表不经互感器而直接接入电路时，可以从电度表上直接读出实际电度数；如果电度表利用电流互感器或电压互感器扩大量程时，实际消耗电能应为电度表的读数乘以电流变比或电压变比。

一、实训目标

掌握间接式三相四线制电度表的接线。

二、实训器具材料

间接式三相四线制电度表、电流互感器、低压断路器、导线、电工工具、配电板。

三、实训内容与步骤

1. 绘制电路图（图6-38）

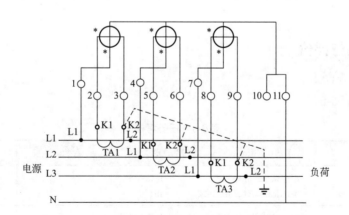

图6-38 三相四线制电度表经电流互感器接线原理图

2. 安装与接线

①将从断路器接线端子引来的三根相线分别连接到三个电流互感器的初级正接线端子上，并用三根导线把三个初级正接线端子与三个熔丝盒的上接线端子相应地连接起来。

②将断路器接线端子与三相电度表的三个接线端子2、5和8相应连接，中性线与电度表的进线端子10连接。接线端子11是用来连接中性线的出线的（根据电路的需要而定），将从三个电流互感器初级负接线端子引出的三根相线分别连接到总开关的三个进线端子上。

③将三个电流互感器的次级正接线端子与三相电度表的进线端子1、4、7分别相接，选

择一根导线，将其一端连接三个电流互感器的次级负接线端子，另一端连接三相电度表的三个出线端子3、6、9，并用黄绿双色线将此导线进行可靠的接地。

④通电试验。引入总电源线，检查无误后，通电，观察电度表运转情况。

[安全操作]

①间接式三相电度表接线盒内的三块连接片都拆下，并每只电流互感器应接地。

②电流互感器的次级接线端子与三相电度表之间的电线必须妥善连接，切不可有接触不良、断路或漏接等现象，并且每个桩头最多接两根导线，以免造成用电事故。

③接入电能表装表用的电压线，应采用导线截面为2.5mm^{2}及以上的绝缘铜质导线；装表用的电流线，应采用导线截面为4mm^{2}的绝缘铜质导线。

④三只低压电流互感器二次绕组宜采用不接地形式（固定支架应接地），因低压电流互感器的一次、二次绕组的间隔对地绝缘强度要求不高，二次不接地可减少电能表受雷击放电的概率。

⑤严禁在电流互感器二次绕组与电能表相连接的回路中有接头，必要时应采用电能表试验接线盒、电流型端子排等过渡连接。电流互感器二次回路严禁开路。

⑥若低压电流互感器为穿芯式时，应采用固定单一变比量程，以防止发生互感器倍率差错。

⑦表与表之间的间距应大于80mm，表与配电箱边缘应不小于40mm，表与地面的距离为0.8～1.8m，表的垂直度不大于10%。

四、考核与评价

1. 任务考核

任务考核见表6-6。

表6-6　任务考核

项目	评分标准		配分	得分
认识电度表	①不能认识三相电度表 ②不能正确选择三相电度表	每次扣5分 扣5分	20分	
工具的使用	不能正确使用电工工具	每次扣2分	10分	
三相电度表安装与配线	①电度表安装不正确 ②电度表接线错误 ③电度表安装不符合工艺要求 ④导线选择不正确	扣10分 扣20分 每处扣2分 扣2分	70分	
安全文明生产	违反安全文明生产倒扣10分			

2. 总结与评价

以小组为单位，选择演示文稿、展板、海报、录像等形式中的一种或几种，向全班展示、汇报学习成果，根据表6-7进行总结与评价。

表6-7 项目总结与评价

班级：							
小组： 姓名：			指导教师： 日期：				

评价 项目	评价标准	评价依据	评价方式			权重	得分 小计
			学生 自评 20%	小组 互评 30%	教师 评价 50%		
职业 素养	①遵守企业规章制度、劳动纪律 ②按时按质完成工作任务 ③积极主动承担工作任务，勤学好问 ④人身安全与设备安全	①出勤 ②工作态度 ③劳动纪律 ④团队协作精神				0.6	
创新 能力	①在任务完成过程中能提出自己的有一 定见解的方案 ②在教学或生产管理上提出建议，具有 创新性	①方案的可行性及意义 ②建议的可行性				0.4	
合计							

项目七
接地装置的安装与维护

知识目标

1. 理解接地、接零概念。
2. 了解接地装置分类和技术要求。
3. 了解接地装置的安装要求。

能力目标

1. 能够培养学生安全意识、文明生产意识。
2. 能够正确安装与维护接地装置。

素质目标

1. 培养学生查阅资料、自我学习的能力。
2. 培养学生独立思考的能力。
3. 培养学生解决工程问题的能力。
4. 培养学生团队合作能力。
5. 培养学生创新意识与能力。

基础知识

一、接地和接零的概念

1. 接地

所谓接地，就是电气设备和电气装置中的某一点与大地进行可靠的电气连接。根据接地装置的功能不同，包括保护接地、工作接地、防雷接地、防静电接地和重复接地，如图7-1所示。其功能及特点见表7-1。

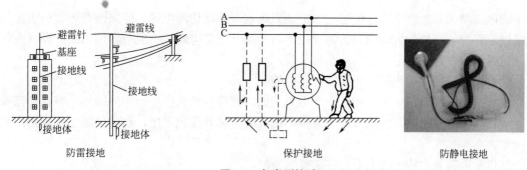

图7-1　各类型接地

表7-1　接地的功能和特点

名称	功能和特点
工作接地	为了运行的需要而将电力系统中的某一点接地，如变压器中性点直接接地或经过阻抗接地都是工作接地
保护接地	为了保障人身安全，将电气装置中平时不带电，但可能因绝缘损坏而带上危险对地电压的外露导电部分（设备的金属外壳或金属结构）与大地进行电气连接
防雷接地	防雷接地是给防雷保护装置（避雷针、避雷器、避雷线）向大地泄放雷电流提供通道
防静电接地	防静电接地是为了防止静电引燃易燃、易爆气液体造成火灾爆炸，而对储气、液体管道、容器等设备的接地

2. 接零

把电气设备的金属外壳及与金属外壳相连的金属构架与中性点接地的电力系统的零线连接起来，以保护人身安全的保护方式，称为保护接零，简称接零，如图7-2所示。

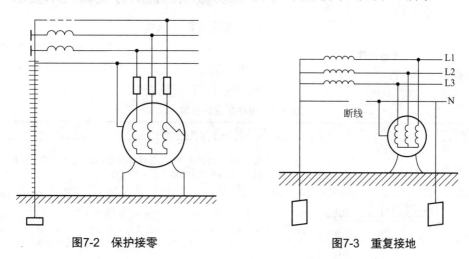

图7-2　保护接零　　　　　　图7-3　重复接地

3. 重复接地

它是指在零线的每一重要分支线路上都进行一次可靠接地的保护接地方式，如图7-3所示。在采用保护接零的系统中，如果零线在一处中断，若该处又有一台设备外壳带电，短路电流与电源零线构不成回路，就会造成该处以外的全部设备外壳都带电，将威胁人身安全。为了避免这种危险，必须采用重复接地的保护措施结构。

4. 保护接零的要求

①供电系统必须有可靠的短路保护或过流保护装置。

接零保护实质上就是当设备绝缘损坏使金属外壳带电时，通过零线形成单相短路，使线路中的电流增大到短路电流，使继电保护装置迅速动作而切断电源。如果没有可靠的短路保护或过流保护装置的配合，当设备绝缘损坏而金属外壳带电时，不能有效地切断电源，人体触及这样的设备外壳时电压较高，非常危险。

②供电系统应有防止零线断线的可靠措施。

零线总线断线后，如果接在这一供电系统的电气设备的其中一台绝缘损坏，将会使该设备及接在同一零线上的其他绝缘而没有损坏的设备金属外壳也带电，这就使触电危险范围明显的增大。

③供配电装置中的零线上不允许装接熔断器。

当电气设备绝缘损坏而使金属外壳带电，造成单相短路时，有可能出现装接在零线上的熔体熔断而装接在相线上的熔体未熔断的情形，这样就会造成零线断线，增加触电的危险。因此当采用接零保护时，三相四线系统中的零线上禁止装设熔断器；单相系统中的零线，只有在发生单相短路时，能同时切断相线和零线的情况下，才可以装设熔断器。否则，不允许装设熔断器。

④同一供电系统中，不允许一部分设备采用接零保护，另一部分设备采用接地保护。因为当系统中采用保护接地的设备绝缘损坏而使金属外壳带电时，由于接地电流较小，供电系统中的保护装置不会动作切断电源，故障将长期存在；同时零线的对地电压会升高，使接零设备的外壳也带上电压，这就扩大了触电的危险范围。

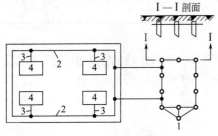

图7-4　接地装置

1—接地体；2—接地干线；3—接地支线；
4—电气设备

二、接地装置的分类和技术要求

1. 接地装置的分类

如图7-4所示为接地装置，是由接地体和接地线两部分组成。接地装置按接地体的形式分为单极、多极、网络三种，见表7-2。

表7-2　接地装置的分类

种类	图示	特点及用途
单极接地装置	(图示)	由一支接地体构成，接地线一端与接地体连接；另一端与设备的接地点连接。适用于接地要求不太高和设备接地点较少的场所
多极接地装置	(图示)	由两支以上的接地体构成，各接地体之间用接地干线连成一体，形成并联，从而减少了接地装置的接地电阻。接地支线一端与接地干线连接，另一端与设备的接地点直接连接。多极接地装置可靠性强，适用于接地要求较高而设备接地点较多的场所
网络接地	(图示)	由多支接地体用接地干线将其互相连接所形成的网络，图示为接地网络常见的形状。接地网络既方便群体设备的接地需要，又加强了接地装置的可靠性，也减小了接地电阻。网络接地适用于配电所及接地点多的车间、工场或露天作业等场所

2. 接地装置的技术要求

接地装置的技术要求主要指接地电阻的要求，原则上接地电阻越小越好，考虑到经济合理，接地电阻以不超过规定的数值为准。

对接地电阻的要求：避雷针和避雷线单独使用时的接地电阻小于10Ω；配电变压器低压

侧中性点接地电阻应在 0.5~10Ω；保护接地的接地电阻应不大于 4Ω。多个设备采用一副接地装置，接地电阻应以要求最高的为准。

3. 接地装置的安全要求

（1）可靠的电气连接

钢质接地线之间一级级接地线与接地体之间的连接处应进行搭焊处理。有色金属接地线可用接头或螺栓与接地干线或电气设备的外壳进行连接，在有振动的地方应垫以弹簧垫圈。

（2）足够的机械强度、导电能力和热稳定性

接地铜芯导线的截面积应不小于 $1.5mm^2$，铝芯导线的截面积应不小于 $2.5mm^2$。

（3）接地线应涂以明显的标志

其颜色一般规定为：绿黄双色线为保护线，浅蓝色为接地中性线。接地线应装设在明显处，以便于检查。

（4）良好的防腐蚀性

为了防止腐蚀，钢制接地装置应采用镀锌材料制成，焊接处要涂以沥青，明设的接地线要涂以防腐漆。

三、接地线与接地体的安装

接地装置的安装，应符合质量标准。否则，接地装置不但不能起到应有的保护作用，反而会造成事故。

1. 接地线的安装

接地线是接地干线和接地支线的总称。若只有一副接地装置，不存在接地支线时，则是指接地体与设备接地点间的连接线。

接地干线是接地体之间的连接导线，或是指一端连接接地体，另一端连接各接地支线的连接线。

接地支线是接地干线与设备接地点的连接线。

（1）接地干线的安装

①接地干线与接地体的连接处加镶块，采用电焊焊接，无条件电焊焊接时可用螺钉压接。连接处的接触面必须进行镀锌或镀锡的防锈处理。压接时接触面要保持平整、严密，不可有缝隙；螺钉要拧紧，在有振动的场所，螺钉应加弹簧垫圈。

②接地干线明敷时，除连接处外，均应涂黑色标明。在穿越墙壁或楼板时应套管加以保护。在可能受到机械力的地方加防护罩保护。敷设室内接地干线采用扁钢时，可用支持卡沿墙敷设，高出地面的距离约 200mm，与墙的距离约 15mm。若采用多股导线连接，应采用接线耳，不允许把接头直接弯圈压接在螺钉上，在有振动的场所，螺钉应加弹簧垫圈。

③用扁钢或圆钢做接地干线需要接长时，必须采用电焊焊接，焊接处扁钢搭头长为其宽的 2 倍；圆钢搭头长为其直径的 6 倍。

④接地干线可以借用环境中已有的金属构件和设施。如行车轨道、金属物架、电梯竖井架、电缆的金属外皮和各种无可燃、可爆物质的金属管道（不包括明线管道）等，利用这些金属体作为接地线时，应注意它们必须具有良好的导电连续性。因此必须在管子的连接处或金属构架的连接处做过渡性的电连接，连接方法如图 7-5 所示。

⑤多级接地和接地网络接地体之间连接干线。如果需要提供接地线就应安装在地沟中如

图7-6所示，沟上应覆有沟盖，且应与地面平齐。若接地连接干线采用扁钢时，安装前应在扁钢宽面上预先钻好接线用的通孔，并在连接处镀锡。如不需要提供接地线，则应潜入地下300mm左右，并在地面标地干线的走向和连接点的位置，便于检查修理。埋入地下的连接点，尽量采用电焊焊接。

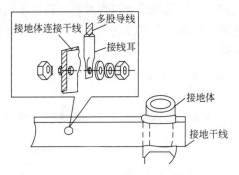

图7-5　接地干线用多股导线连接方法

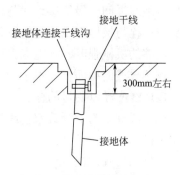

图7-6　接地体连接干线沟

⑥公用配电变压器的接地干线与接地体的连接。连接点应埋入地下100～200mm，在接地线引出地面2～2.5m处断开，再用螺栓重新压接接牢。

（2）接地支线的安装

接地支线的安装应遵守如下规定。

①每一台设备的接地点必须用一根接地支线与接地干线单独连接。不允许用一根接地支线把几台设备的连接点串联起来，也不允许将几根接地支线并联在接地干线上的一个一个连接点上。

②在室内容易被人体触及的地方，接地支线要采用多股绝缘线，在连接处必须恢复绝缘层。在室外不易被人体触及的地方，接地支线要采用多股裸绞线；用于移动用电设备从插头至外壳处的接地支线，应采用铜芯绝缘软线，中间不得有接头，并和绝缘线一起套入绝缘护套内。常用三芯或四芯橡胶护套电缆的黑色绝缘层导线作为接地支线。

③接地支线与接地干线或与接地点的连接，其线头要用接线耳，采用螺钉压接。在振动场所，螺钉上要加弹簧垫圈，如图7-7所示。

图7-7　螺钉压接

④固定敷设的接地支线需接长时，连接处必须正规，铜芯线连接处要锡焊加固。

⑤在电动机保护接地中，可利用电动机与控制开关之间的导线保护钢管作为控制开关外壳的接地线。

⑥接地支线的每个连接处都应置于明显部位，便于检修。

（3）接地线的选用

①用于输配电系统的工作接地线的选用。

10kV避雷器的接地支线宜采用多股铜芯或铝芯的绝缘电线或裸线；接地线可采用铜芯或铝芯的绝缘电线或裸线，也可选用扁钢、圆钢或镀锌铁丝绞线，截面积不小于16mm²。用作避雷针或避雷线的接地线的截面积不小于直径6mm的圆钢。配电变压器低压侧的中性点的接地支线，要采用截面积不小于35mm²裸铜绞线；容量在10kV·A以下的变压器，其中性点接地支线可采用截面积为71mm^{2}的裸铜绞线。

②用于金属外壳保护接地线的选用。接地最小截面积应不小于1.5mm^2，裸导线应不小于4mm^2；接地干线需按不小于相应电源相线截面积的0.5倍选用。装于地下的接地线不准采用铝导线；移动用电设备的接地支线必须用铜芯绝缘软线。

2. 接地体的安装

人工接地体的安装形式有垂直安装和水平安装两种。人工接地体一般都采用型钢，其规格要求：角钢的厚度不小于4mm；钢管管壁厚度不小于3.5mm；圆钢直径不小于8mm；扁钢厚度不小于4mm，其截面积不小于48mm^2。接地体材料不应有严重锈蚀，弯曲的材料必须矫直后方可使用。

接地体水平埋入地下的接地装置，叫水平接地装置。水平接地装置中的接地体叫水平接地体。水平接地装置应用较少，一般只在土层浅薄的地方采用。水平接地体的安装步骤如下。

（1）水平接地体的制作

水平接地体采用40mm×4mm的扁钢或直径为16mm的圆钢制作。水平接地体一般都较长，最短的通常在6m左右。考虑到接地体与接地线的连接，一端应弯成直角向上，用螺钉压接时还应钻好螺钉通孔，如图7-8所示。

（2）水平接地装置的形式

水平接地体组成的接地网，一般有带形、环形和放射形三种形式。采用何种形式的水平接地网，应根据接地体埋设处的土层厚度来确定。三种形式的水平接地网形状如图7-9所示。

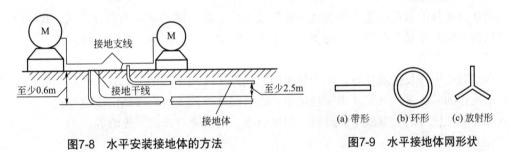

图7-8 水平安装接地体的方法 图7-9 水平接地体网形状

①带形。多为几根平行的接地体并联而成，埋入地下的深度应在0.6m以上。为减小相邻接地体之间的屏蔽作用，每两根水平接地体之间的距离不小于5m。

②环形。由几根环形接地体并联而成，埋设深度应在0.7m以上。其环形直径的大小由设计而定。

③放射形。接地体多为3～4根，埋设深度应不小于0.7m。

（3）挖沟填埋

安装水平接地体时，应尽量选择土层厚的地方挖沟。沟要挖得平直、深浅和宽度一致。放好接地体并连接好之后，进行填土。填土时，接地体周围与土壤之间应随时夯实，沟内不可堆填沙、石、砖、瓦等导电不良的杂物。

四、接地装置的检查与维护

1. 质量检查项目和要求

（1）连接点的检查

连接点应逐个检查，不可采用抽查几个点的方法。采用点焊焊接的应用锤敲去焊渣，不能存在虚焊，接触面积应符合要求；采用螺钉压接的，连接面应经过防腐处理，接触面积符合要求，螺钉规格应符合要求并拧紧。

（2）自然接地装置的检查

检查是否误接在可燃可爆的官道上，自然接地装置的导电性能是否良好，跨接线有无漏装，跨接线连接是否符合要求等。

（3）接地线的检查

检查接地线的截面积是否符合要求，选择的材料是否适合使用环境，特别要注意应该使用铜芯线的是否误用了铝芯线。

（4）接地电阻的检查

接地电阻是检查接地装置质量的主要项目，必须按照技术要求规定的标准进行检查，不能降低标准。

（5）其他情况的检查

接地体周围的土壤是否夯实；接地线的支持点是否牢固；应穿管保护的地方有无遗漏；用进行保护接地的设备有无漏接；各连接点是否可靠。

2. 接地电阻异常的处理

测量接地电阻达不到技术要求的规定值时，应采取措施减小接地电阻使之达到规定的标准，不可以勉强使用。减小接地电阻的措施有以下几种。

（1）增加接地体的数量

增加接地体的数量或适当增加接地体的长度，是减小接地电阻的有效措施。其中以增加接地体的数量效果最为有效、最简便，在土壤电阻率不高的地层应用较广泛。

（2）土壤置换

在沙石地层埋设接地体时，因土壤电阻率高而很难减小接地电阻，可采用土壤置换方法改善接地体的散流条件从而减小接地电阻。即将接地体周围电阻率高的土壤挖去，填入电阻率低或导电性能好的土壤或工业废料，如电石渣、冶炼废渣或化学废渣等。

（3）接地体外引

在接地体埋设的土壤电阻率较高而不远处的土壤电阻率较低时，将接地体安装在电阻率低的土壤中，例如水塘边、低洼地，然后用一条较长的接地线连接设备接地点和接地体。

（4）改善接地体周围的散流条件

土壤电阻率高使接地电阻不符合技术要求时，可以在每一支接地体周围堆填主体是碳辅以铜元素、碱土金属和稀土元素的化学物质，改善接地体的散流条件，达到减小接地电阻的目的。化学物应堆填在接地体周围离地面 $0.5 \sim 1.2m$ 的中间部位，把底层和上层的泥土夯实。

3. 接地装置的维护

接地装置也和其他电气设备一样，应定期检查和维修，确保其安全可靠。

（1）定期检查项目

①接地电阻应定期复测，接地电阻增大时应及时修复，不可勉强使用。工作接地每半年至一年复测一次；保护接地每一年至两年复测一次。

②接地装置的每一个连接点。连接点每半年至一年检查一次，出现松动应拧紧或重新焊牢。

③接地线的每一个支持点。发现松动或脱落应及时重新固定。

④接地体和接地干线是否出现严重锈蚀。对严重锈蚀的应及时修复或更换。

（2）常见的故障及其处理方法

①连接点松散或脱落。最易出现松脱的部位：移动电器设备和器具的接地支线与外壳之间的连接点，具有振动的设备的接地连接处以及用铝线作接地线的连接处。

②接地线局部电阻增大。常见的原因是螺钉压接的连接点松散或接触面存在氧化物、污垢及跨接线松散。发现松散应拧紧压接螺钉，接触面有污垢或氧化物应清除干净并重新刷防锈漆。

③接地电阻增大。这是由于接地体严重锈蚀或接地干线与接地体接触不良所引起的。遇到这种情况应查明原因，若是接地体锈蚀，要更换或增加接地体；若是接地干线与接地体接触不良，则需要重新把连接处接牢。

技能实训

一、实训目标

掌握垂直接地体的安装。

二、实训器具材料

角钢4mm×50mm×50mm、长度2100mm或钢管若干，钳工工具一套、电工工具一套等。

三、实训内容与步骤

1. 制作垂直接地体

垂直接地体采用角钢或钢管制作。接地体的长度应在2～3m。小于2m的接地装置难以达到技术要求；超过3m，对减小接地电阻的作用不明显，还会增加施工的难度。接地体的下端应削尖。用角钢作接地体时，尖点应保持在角钢的角脊线上，并使两斜边对称；用钢管作接地体时，应单边斜削，保持一个尖点，如图7-10所示。

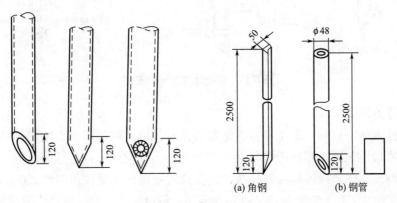

图7-10　垂直接地体制作

2. 将垂直接地体埋入地下

将垂直接地体埋入地下，一般采用打桩法。角钢垂直接地体埋入地下，可按下述方法进行：用锤子敲打角钢的角脊，锤击力就会顺着角钢的角脊直接传到垂直接地体另一端的尖点上。锤击力集中时，容易打入、打直。

钢管垂直接地体埋入地下，应先在埋入接地体处挖一个0.5m左右深的坑；若是多极接地装置，还应沿连接接地体的干线挖一个0.5m深的沟。用护管帽套于接地体上部管口或在上部管口焊接一钢板，防止锤子敲击时管口变形；敲击接地体入地时应用手将其扶稳，不可摇摆。锤击力应集中在另一端的尖点上。

垂直接地体埋入地下式，为减小相邻接地体间的屏蔽作用，相邻两接地体之间的距离应不小于接地体长度的两倍，如图7-11所示。

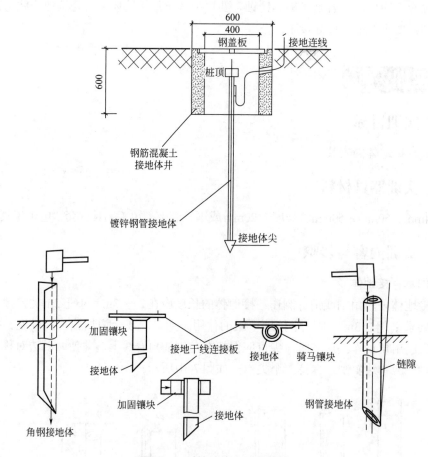

图7-11　对接地体上端的安装

3. 接地体的连接

接地体打入地下以后，若是多极接地装置或接地网，则应将所有的接地体互相连接起来；若是单极接地装置，则应考虑与接地线的连接。接地体之间的连接，应尽可能采用焊接。常用扁钢或圆钢做接地体的连接线，连接位置在距离接地体顶端约100mm处。扁钢与钢管接地体的焊接工程：先用扁钢做Ω形的卡子；将Ω形卡子和扁钢套住钢管接地体；在Ω形卡子与钢管、Ω形卡子与扁钢、扁钢与钢管之间进行焊接，如图7-12所示。

圆钢与钢管接地的连接，可先将圆钢弯成一圆环，套住钢管接地体后，再进行焊接。为使连接可靠，圆环内径应与钢管外径相等。焊接时，应沿圆环整圈焊接，焊缝长度与圆环周长相等。

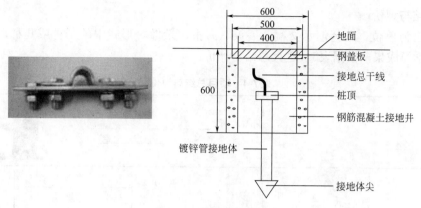

图7-12　接地体的连接

　　扁钢或圆钢连接线与角钢接地体连接时，可将连接线直接焊接在角钢接地体上。为保证连接的可靠，应在连接处加上加固块，以增大焊接面积。接地体之间的连接方法：在无电焊焊接的情况下，也可以采用螺钉压接。为方便接地干线与接地体的连接，应预先做好钻螺钉通孔的连接板。连接面应保持平整、严密，不可有缝隙，接触面必须经镀锌或镀锡的防锈处理。螺钉应采用M12或M14的镀锌螺钉。连接时螺钉应拧紧。

4. 填土夯实

　　将接地体打入地下，将各接地体互相连接起来且做好与地面接地线连接以后，应逐个检查焊点，测量接地电阻。若符合要求，就可用导电性能较好的泥土填满安装接地体时所挖得坑、沟并夯实。

【操作提示】

　　为便于接地支线连接，埋入地下的接地干线还应制作引出线，引出线应与接地体或接地干线焊接好，并露出地面500mm以上。引出线与接地体或接地体干线的连接处应置于便于检查和维修的地方。若连接处在地下，则应在地面上做好标记。

四、考核与评价

1. 任务考核

任务考核见表7-3。

表7-3　任务考核

项目	评分标准		配分	得分
制作接地极	不能正确制作接地极	扣10分	20分	
接地体安装	①不能正确使用安装工具 ②不能正确安装接地体 ③不能正确连接接地线 ④不会检测接地电阻值 ⑤不会维护接地装置	扣5分 扣5分 扣5分 扣10分 扣5分	80分	
安全文明生产	违反安全文明生产或电工操作规程倒扣10分			

2. 总结与评价

以小组为单位，选择演示文稿、展板、海报、录像等形式中的一种或几种，向全班展示、汇报学习成果，根据表7-4进行总结与评价。

表7-4 项目总结与评价

班级：_____
小组：_____
姓名：_____

指导教师：_____
日期：_____

评价项目	评价标准	评价依据	评价方式			权重	得分小计
			学生自评 20%	小组互评 30%	教师评价 50%		
职业素养	①遵守企业规章制度、劳动纪律 ②按时按质完成工作任务 ③积极主动承担工作任务，勤学好问 ④人身安全与设备安全	①出勤 ②工作态度 ③劳动纪律 ④团队协作精神				0.6	
创新能力	①在任务完成过程中能提出自己的有一定见解的方案 ②在教学或生产管理上提出建议，具有创新性	①方案的可行性及意义 ②建议的可行性				0.4	
合计							

项目八
常用电子元器件的识别与检测

任务一　电阻器的识别与检测

知识目标

1. 认识电阻器形状。
2. 了解电阻器的分类、型号与性能参数。
3. 掌握电阻器的测量方法。

能力目标

1. 能够培养学生安全意识、文明生产意识。
2. 能够正确识别与检测电阻器。

素质目标

1. 培养学生查阅资料、自我学习的能力。
2. 培养学生独立思考的能力。
3. 培养学生解决工程问题的能力。
4. 培养学生团队合作能力。
5. 培养学生创新意识与能力。

基础知识 👆

一、电阻器的识别

导体对通过它的电流产生一定的阻力，这种阻碍电流的作用叫电阻。电阻器的主要用途是稳定和调节电路中的电压和电流，其次还有限制电路电流、降低电压、分配电压等功能。

1. 电阻器的分类

电阻器的种类很多，结构形式各有不同，一般根据电阻器的工作特点及电路功能，可分为固定电阻器、可变电阻器、敏感电阻器三大类，如图8-1所示为常见电阻器。

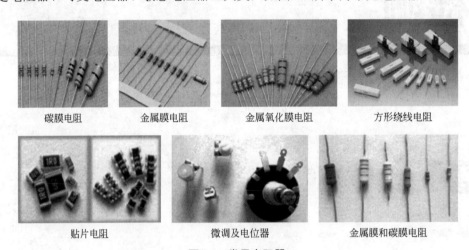

碳膜电阻　　　　金属膜电阻　　　　金属氧化膜电阻　　　　方形绕线电阻

贴片电阻　　　　　微调及电位器　　　　金属膜和碳膜电阻

图8-1　常见电阻器

2. 电阻器的型号命名方法

根据国家标准GB 2470—81《电子设备用电阻器、电容器型号命名方法》的规定，电阻器产品型号一般由以下四部分组成，见表8-1。

第一部分：主称用字母R表示电阻器。

第二部分：材料用字母表示。

第三部分：分类用数字或字母表示。

第四部分：序号用数字表示，以区分外形尺寸和性能指标。

如标记为RJ72的电阻：R—（主称）电阻器，J—（材料）金属膜，7—（分类）精密，2—序号。

3. 电阻器的主要性能参数

电阻器的结构、材料不同，性能有一定差异。反映电阻器性能特点的主要参数有标称阻值、允许偏差和额定功率。

（1）标称阻值

在电阻器表面所标出的阻值（对热敏电阻器则指25℃时的阻值）叫做电阻器的标称阻值。为了便于工业生产和使用者在一定范围内选用，国家规定出一系列的标称阻值，普通标称阻值有 E6、E12 和 E24 三种系列，见表 8-2。

表 8-1 电阻器的型号命名及意义

第一部分：主称		第二部分：材料		第三部分：分类			第四部分：序号
符号	意义	符号	意义	符号	电阻器	电位器	
R	电阻器	T	碳膜	1	普通	普通	
W	电位器	J	金属膜	2	普通	普通	
		Y	氧化膜	3	超高频	—	
		H	合成膜	4	高阻	—	
		C	沉积膜	5	高阻	—	
		S	有机实心	6	—	—	
		N	无机实心	7	精密	精密	对主称、材料相同，仅性能指标尺寸大小有区别，但基本不影响互换使用的产品，给同一序号；若性能指标、尺寸大小明显影响互换时，则在序号后面用大写字母作为区别代号
		I	玻璃釉膜	8	高压	特种函数	
		X	线绕	9	特殊	特殊	
		P	硼酸膜	G	高功率	—	
		U	硅酸膜	T	可调	—	
		M	压敏	W	—	微调	
		G	光敏	D	—	多圈	
		R	热敏	B	温度补偿用		
				C	温度测量用		
				P	旁热式		
				W	稳压式		
				Z	正温度系数		

表 8-2 通用电阻器标称阻值系列及误差

系列	偏差	电阻器标称阻值系列
E24	Ⅰ级 ±5%	1.0，1.1，1.2，1.3，1.5，1.6，1.8，2.0，2.2，2.4，2.7，3.0，3.3，3.6，3.9，4.3，4.7，5.1，5.6，6.2，6.8，7.5，8.2，9.1
E12	Ⅱ级 ±10%	1.0，1.5，1.8，2.2，2.7，3.3，3.9，4.7，5.6，6.8，8.2
E6	Ⅲ级 ±20%	1.0，1.5，2.2，3.3，4.7，6.8

将表 8-2 中标称阻值乘以 10^n（n 为正、负整数或零），就可以扩大阻值范围。例如表中的"1.0"包括 1Ω、10Ω、100Ω、1kΩ、10kΩ、100kΩ、1MΩ 等阻值系列。标称阻值的单位为欧姆（Ω）、千欧（kΩ）、兆欧（MΩ）、吉欧（GΩ）、太欧（TΩ）。$1TΩ=10^3GΩ=10^6MΩ=10^9kΩ=10^{12}Ω$。

（2）允许偏差

①允许偏差及种类。电阻器在大批量生产中，实际值未能达到标称阻值，因而产生了误差。阻值误差＝（电阻实际值－标称阻值）/标称阻值×100%。符合出厂标准的误差称为允许偏差。

允许偏差通常可分为对称偏差和不对称偏差，大部分电阻器都采用对称偏差，其规定如下。

精密偏差：±0.5%，±1%，±2%。普通偏差：±5%，±10%，±20%。

②允许偏差的表示方法。允许偏差有直标法、罗马法、符号法和色标法四种如表8-3所示。通用电阻器的允许偏差分为三个等级：Ⅰ级为±5％；Ⅱ级为±10％；Ⅲ级为±20％。

表8-3　常用的对称偏差表示方法

直标法	罗马法	符号法	色标法
±0.5％		D	绿
±1％		F	棕
±2％		G	红
±5％	Ⅰ	J	金
±10％	Ⅱ	K	银
±20％	Ⅲ	M	无色

（3）额定功率

根据GB 2475—81《电子设备用电阻器额定功率系列》的规定，额定功率指电阻器在直流或交流电路中，当在一定大气压力（87～107kPa）和在产品标准中规定的温度下（−55～125℃），长期连续工作所允许承受的最大功率。线绕电阻器和非线绕电阻器的额定功率见表8-4。

表8-4　电阻器的额定功率

名称	额定功率/W
线绕电阻器	0.05，0.125，0.25，0.5，1，2，4，8，10，16，25，40，50，70，100，150，250，500
非线绕电阻器	0.05，0.125，0.25，0.5，1，2，5，10，16，25，50，100

小于1W的电阻器在电路图中常不标出额定功率，大于1W的电阻器用阿拉伯数字表示。在电路中表示电阻器额定功率的图形符号如图8-2所示。

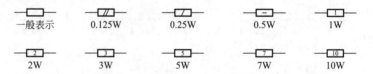

| 一般表示 | 0.125W | 0.25W | 0.5W | 1W |
| 2W | 3W | 5W | 7W | 10W |

图8-2　电阻器额定功率的图形符号

4. 电阻器参数识别方法

电阻器的主要参数（标称阻值与允许偏差）要标注在电阻器上，以供识别。电阻器参数的标注方法有直标法、文字符号法、色标法和数码表示法4种。

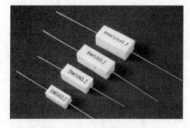

图8-3　电阻的直接标注

（1）直标法

直标法是将电阻器的标称阻值和允许偏差直接用数字标在电阻器表面上，如图8-3所示即标称阻值用阿拉伯数字表示，单位用字母符号（Ω、kΩ、MΩ等）表示；允许偏差用百分数表示。例如6.8kΩ±5％。

直标法具有直观清楚，易识别等优点，但它的数字和小数点容易失落。此方法只适用于大中型电阻器的参数表示。

（2）文字符号法

电阻器阻值用文字符号表示称为文字符号法，如图8-4所示。符号R（或Ω）、k、M、G、T分别表示Ω、kΩ、MΩ、GΩ、TΩ，在这些符号前的数字表示阻值的整数部分，符号后面的数字表示小数部分。例如10R表示10Ω；5k1表示5.1kΩ；2G2表示2.2 GΩ。

图8-4　电阻的文字标注

（3）色标法

用不同颜色的色环或色点表示阻值的方法称为色标法或色码法。不同色环代表的具体意义见表8-5。

表8-5　色标法中各色环颜色表示的数值

颜色	有效数字	乘数	允许偏差/%	工作电压/V
银色	—	10^{-2}	±10	—
金色	—	10^{-1}	±5	—
黑色	0	10^{0}	—	4
棕色	1	10^{1}	±1	6.3
红色	2	10^{2}	±2	10
橙色	3	10^{3}	—	16
黄色	4	10^{4}	—	25
绿色	5	10^{5}	±0.5	32
蓝色	6	10^{6}	±0.2	40
紫色	7	10^{7}	±0.1	50
灰色	8	10^{8}	—	63
白色	9	10^{9}	+5 −20	—
无色	—	—	±20	—

色环电阻器中，根据色环的多少又可分为四色环表示法和五色环表示法，如图8-5所示。

（4）数码表示法

产品表面用三位数码来表示阻值的方法称为数码法。数码从左到右排列，第一、二位为有效数字，第三位为应乘倍数，单位是Ω；允许偏差通常采用文字符号表示。超小型电阻器（如片状电阻器）不标注允许偏差。例如：203表示为20kΩ，471表示为470Ω，100表示10Ω（注意不要误认为100Ω）。少数片状电阻器亦有用四位数码标注阻值的，如6801表示为6.8kΩ。由此可见四位数标注与三位数标注的差别只多了一位有效数字，其余与三位数标注法相同。

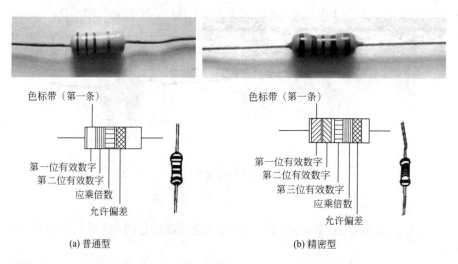

第一位有效数字
第二位有效数字
应乘倍数
允许偏差

(a) 普通型

色标带（第一条）

第一位有效数字
第二位有效数字
第三位有效数字
应乘倍数
允许偏差

(b) 精密型

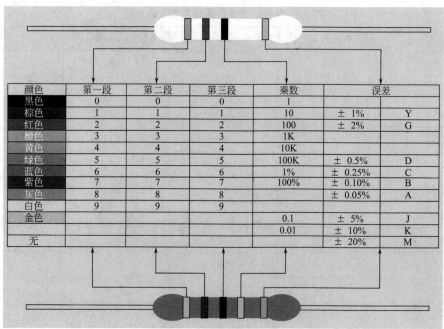

颜色	第一段	第二段	第三段	乘数	误差	
黑色	0	0	0	1		
棕色	1	1	1	10	± 1%	Y
红色	2	2	2	100	± 2%	G
橙色	3	3	3	1K		
黄色	4	4	4	10K		
绿色	5	5	5	100K	± 0.5%	D
蓝色	6	6	6	1%	± 0.25%	C
紫色	7	7	7	100%	± 0.10%	B
灰色	8	8	8		± 0.05%	A
白色	9	9	9			
金色				0.1	± 5%	J
				0.01	± 10%	K
无					± 20%	M

图8-5 电阻的色环标注

技能实训

一、实训目标

掌握各类类型电阻器的检测技能。

二、实训器具材料

金属膜电阻器、可变电阻器、热敏电阻、压敏电阻、光敏电阻、排电阻、万用表等。

三、实训内容与步骤

1. 万用表选择合适的挡位

为了提高测量精度，应根据电阻标称值的大小来选择挡位。应使指针的指示值尽可能落到刻度的中段位置（即全刻度起始的20%～80%弧度范围内），以使测量数据更准确。

2. 万用表校零

采用指针式万用表检测，还需要执行将表针校（调）零这一关键步骤，方法是将万用表置于某一欧姆挡后，红表笔与黑表笔短接，调整微调旋钮，使万用表指针指向0Ω的位置，然后再进行测试。注意！每选择一次量程，都要重新进行欧姆校零，如图8-6所示。

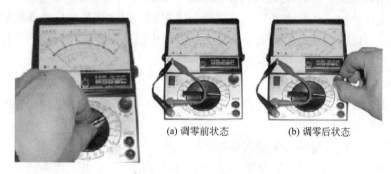

(a) 调零前状态   (b) 调零后状态

图8-6 万用表选挡和调零

3. 金属膜电阻值的检测

检测电阻时，由于人体是具有一定阻值的导电电阻，手不要同时触及电阻两端引脚，以免在被测电阻上并联人体电阻造成测量误差，如图8-7所示。

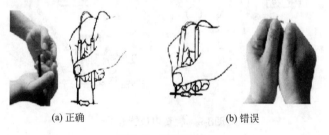

(a) 正确   (b) 错误

图8-7 检测电阻

4. 电位器的检测

（1）测量电位器的标称阻值及变化阻值

检测电位器前，先初步用观察法进行外观观察。电位器标称阻值是它的最大电阻值。用万用表测量电位器时，应先根据被测电位器标称阻值的大小，选择好万用表的合适欧姆挡位再进行测量。测量时，将万用表的红、黑表笔分别接在定片引脚（即两边引脚）上，万用表读数应为电位器的标称阻值。如万用表读数与标称阻值相差很多，则表明该电位器已损坏。

当电位器的标称阻值正常时，再测量其变化阻值及活动触点与电阻体（定触点）接触是否良好。此时用万用表的一个表笔接在动触点引脚（通常为中间引脚），另一表笔接在一定触点引脚（两边引脚），如图8-8所示。

(a) 电位器标称阻值的测量　　　　　(b) 电位器变化阻值的测量

图8-8　电位器阻值测量

（2）动触点引脚的判别方法

首先将万用表的红、黑表笔分别接在电位器的任意两个引脚上，再调节电位器操纵柄，观察阻值是否变化。然后将其中一只表笔更换所接引脚，再次调节电位器操纵柄，同时观察阻值是否变化。对比两次测量的阻值，当某一次测量中阻值不变化时，说明万用表红、黑表笔所接引脚是定片引脚，另一引脚则为动片引脚。

（3）检测外壳与引脚的绝缘情况

将万用表调至最大欧姆挡，一只表笔接电位器的外壳，另一只表笔逐个接触电位器引脚测其阻值，阻值应为无穷大。

（4）检查带开关电位器的开关是否良好

带开关电位器的开关检查前，应旋动或推拉电位器柄，随着开关的断开和接通，应有良好的手感，同时可听到开关触点弹动发出的响声，如图8-9所示。

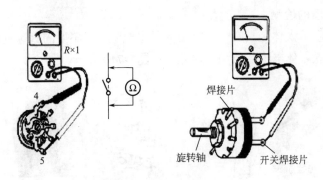

图8-9　检查电位器开关

5. NTC热敏电阻的检测

测量时需分两步进行，第一步测量常温电阻值，第二步测量温变时（升温或降温）的电阻值，其具体测量方法与步骤如下。

①常温下检测。将万用表置于合适的欧姆挡（根据标称电阻值确定挡位），用两表笔分别接触热敏电阻的两引脚测出实际阻值，并与标称阻值相比较，如果两者相差过大，则说明所测热敏电阻性能不良或已损坏，如图8-10（a）所示。

②升温检测。在常温测试正常的基础上，即可进行升温或降温检测。加热后热敏电阻阻值减小说明这只NTC热敏电阻是好的，如图8-10（b）所示。

6.光敏电阻的检测

检测光敏电阻时，需分两步进行，如图8-11所示。第一步测量有光时电阻值，第二步测量无光照时的电阻值。两者相比较有较大差别，通常光敏电阻有光照时电阻值为几千欧（此值越小说明光敏电阻性能越好）；无光照时电阻值大于1500kΩ，甚至无穷大（此值越大说明光敏电阻性能越好）。

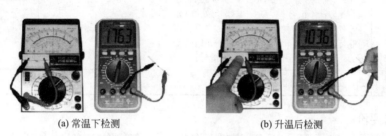

(a) 常温下检测　　　　　　　　　　(b) 升温后检测

图8-10　NTC热敏电阻的检测

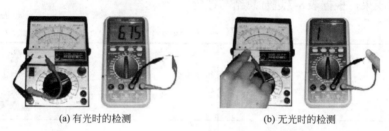

(a) 有光时的检测　　　　　　　　　(b) 无光时的检测

图8-11　光敏电阻的检测

7.压敏电阻的检测

检测压敏电阻时，将万用表设置成最大欧姆挡位。常温下测量压敏电阻的两引脚间阻值应为无穷大，如图8-12所示，若阻值为零或有阻值，说明已被击穿损坏。

8.排阻的检测

根据排阻的标称阻值大小选择合适的万用表欧姆挡位（指针式万用表注意调零），将两表笔（不分正负）分别与排阻的公共引脚和另一引脚相接即可测出实际电阻值，如图8-13所示。通过万用表测量就会发现所有脚对公共脚的阻值均是标称值，除公共脚外其他任意两脚之间阻值是标称值的两倍。

(a) 压敏电阻已损坏　　　(b) 压敏电阻正常

图8-12　压敏电阻的检测　　　　　　　　图8-13　排阻的检测

四、考核与评价

1.任务考核

任务考核见表8-6。

表8-6 任务考核

项目	评分标准		配分	得分
认识各种电阻器	不能正确认识电阻器	每次扣2分	20分	
电阻器的检测	①不能正确选择万用表挡位 ②不能正确欧姆挡调零 ③测量方法不正确 ④不能正确读数 ⑤损坏万用表 ⑥万用表使用完毕不按要求回表	扣5分 每次扣2分 每处扣2分 扣5分 此项不得分 扣5分	80分	
安全文明生产	违反安全文明生产倒扣10分			

2. 总结与评价

以小组为单位，选择演示文稿、展板、海报、录像等形式中的一种或几种，向全班展示、汇报学习成果，根据表8-7进行总结与评价。

表8-7 项目总结与评价

班级：_____
小组：_____
姓名：_____

指导教师：_____
日期：_____

评价项目	评价标准	评价依据	评价方式			权重	得分小计
			学生自评 20%	小组互评 30%	教师评价 50%		
职业素养	①遵守企业规章制度、劳动纪律 ②按时按质完成工作任务 ③积极主动承担工作任务，勤学好问 ④人身安全与设备安全	①出勤 ②工作态度 ③劳动纪律 ④团队协作精神				0.6	
创新能力	①在任务完成过程中能提出自己的有一定见解的方案 ②在教学或生产管理上提出建议，具有创新性	①方案的可行性及意义 ②建议的可行性				0.4	
合计							

任务二 电容器的识别与检测

知识目标

1. 认识电容器形状。

2. 了解电容器的分类、型号与性能参数。

3. 掌握电容器的测量方法。

能力目标

1. 能够培养学生安全意识、文明生产意识。
2. 能够正确识别与检测电容器。

素质目标

1. 培养学生查阅资料、自我学习的能力。
2. 培养学生独立思考的能力。
3. 培养学生解决工程问题的能力。
4. 培养学生团队合作能力。
5. 培养学生创新意识与能力。

基础知识

电容器是由两个金属电极中间夹一层绝缘体（又称电介质）所构成。当在两个电极间加电压时，电容器上就会存储电荷，所以电容器是一种能存储和释放电能的元件。电容器具有阻止直流通过，而允许交流通过的特点，即所谓的"隔直通交"。因此在电路中常用于隔直流、耦合、旁路、滤波、反馈、定时及调谐等。

1. 电容器分类

电容器根据结构可分为固定电容器，可变电容器及微调（或称半可调）电容器；按电介质可分为固体有机介质、固体无机介质、气体介质、电解质电容器。常见电容器的外形及电路符号如图8-14所示。

2. 电容器的型号命名方法

根据GB 2470—81《电子设备用电阻器、电容器型号命名方法》的规定，电容器产品型号一般由以下四部分组成，见表8-8。

表8-8　电容器型号中符号的意义

介质材料		分类				
符号	意义	符号	意义			
			瓷介电容器	云母电容器	电解电容器	有机电容器
C	高频陶瓷	1	圆片	非密封	箔式	非密封
T	低频陶瓷	2	管形	非密封	箔式	非密封
Y	云母	3	叠片	密封	烧结粉、液体	密封
Z	纸	4	独石	密封	烧结粉、固体	密封
J	金属化纸	5	穿心			穿心
I	玻璃釉	6	支柱			
L	涤纶薄膜	7			无极式	

第一部分：主称，用C表示电容器。

第二部分：介质材料用字母表示。

第三部分：分类用字母或数字表示。

第四部分：序号，用数字表示。

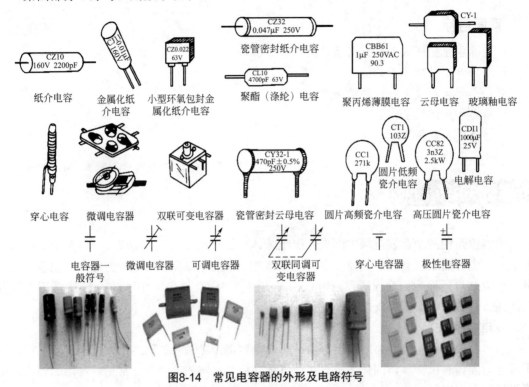

图8-14　常见电容器的外形及电路符号

如电容CCW1则表示：C—（主称）电容器，C—（材料）高频陶瓷，W—（分类）微调，1—序号。

3. 电容器参数识别方法

固定电容器的主要参数（标称容量、允许偏差和额定直流工作电压）标注在电容器上的方法，同电阻器一样，有直标法、文字符号法（亦称混标法）、数码法和色标法四种。

（1）直标法

在电容器上用数字直接标注主要参数的方法称直标法。容量大的电容其容量值在电容上直接标明，如470pF±10%，160V。

（2）文字符号法

电容器的文字符号法与电阻器的这一方法相同。容量小的电容其容量值在电容上用字母表示或数字表示。如p1表示0.1pF，1n表示1000pF，3n3表示38～40pF，μ33（或R33，μF级容量小数点也可用R表示）表示0.33μF。

（3）数码法

用三位整数表示电容器的标称容量，然后用一个字母来表示允许偏差。在三位数中，前两位数表示有效数字，第三位表示倍乘（在瓷介电容器中，第三位乘数"9"，表示10^{-1}），标称容量的单位是pF。例如，某电容器上标有10nJ，其含义为：0.01μF±5%（或10000pF±5%）的电容器。再如，某高频瓷介电容器上标有339k，其含义为：3.3pF±10%

的电容器。102表示标称容量为1000pF，221表示标称容量为220pF，224表示标称容量为 $22×10^4$ pF，229表示标称容量为 $22×10^{-1}$ pF=2.2pF。

（4）色标法

电容器的标称容量、允许偏差的色标法规则与电阻器一样。当色码要表示两个重复的数字时，可用宽一倍的色码来表示。

技能实训

一、实训目标

掌握电容器的检测技巧。

二、实训器具材料

电容器、万用表等。

三、实训内容步骤

电容器的常见故障有短路、断路、漏电和失效等，在使用前必须认真检查，正确判断。

1. 小容量固定电容器的检测

小容量固定电容器是指容量小于1μF的电容器，这类电容器的介质一般为纸、涤纶、云母、玻璃釉、陶瓷等。其特点是无正、负极性之分，绝缘电阻很大，故其漏电电流很小。用万用表的电阻挡或直流电压挡进行检测，方法如下。

①检测容量为6800pF～1μF的电容器时，用 $R×10k$ 挡，红、黑表笔分别接电容器的两根引脚，在表笔接通的瞬间应能看到表针有很小的摆动，若未看清表针的摆动。可将红、黑表笔互换一次再测，此时，表针的摆动幅度应略大一些。根据表针摆动情况判断电容器质量，见表8-9。

表8-9 小容量固定电容器质量判别

万用表表针摆动情况	小容量电容器质量
接通瞬间是针有摆动，然后返回："∞"（Ω挡测量）；"0"（V挡测量）	良好；摆幅越大，容量越大
接通瞬间，表针不摆动	失效或断路
表针摆幅很大，且停在那里不动	已击穿（短路）或严重漏电
表针摆动正常，不能返回："∞"（Ω挡测量）；"0"（V挡测量）	有漏电现象

注：表中的"∞"处是用万用表电阻挡测量时的显示值；"0"是用直流电压挡测量时的显示值。

②检测容量小于6800 pF的电容器时，由于容量太小，用万用表电阻挡检测时无法看到表针的摆动，此时只能检测电容器是否漏电或击穿，而不能检测是否存在开路或失效故障。为实现此类电容器的质量检测，可借助一个外加直流电压（不能超过被测电容器的耐压值），把万用表调到相应直流电压挡，黑表笔接直流电源负极，红表笔串接被测电容器后接电源正极，根据表针摆动情况判别电容器质量，如表8-9所示。

2. 电解电容器的检测

电解电容器是电路中应用较多的一种极性固定电容器。按其正极使用材料的不同可分为 CD 型铝电解电容器、CA 型钽电解电容器、CN 型铌电解电容器。它们的负极是液体、半液体或胶状电解液。电解电容器与普通固定电容器的不同主要体现在两个方面：一是电解电容器有正、负极之分；二是电解电容器的容量大，一般大于 $1\mu F$（从几微法到几千微法），容量的误差较大，其频率特性差，绝缘电阻值低，漏电流大，耐压低。

电解电容器的故障发生率比较高，其主要故障有：击穿、漏电、失效（容量减小）、断路及爆炸（此故障是由电解电容器的正、负极引脚接反所致）。对电解电容器的检测，主要是容量、漏电电流的检测。对正、负极标志已失去的电容器，还应进行极性判别。

万用表电阻挡检测电解电容器的方法如下。

①鉴别或估测（已失去标志）电解电容器的容量，选择万用表合适的电阻挡，如小于 $10\mu F$ 选用 $R\times10k$；$10\sim100\mu F$ 之间选用 $R\times1k$；大于 $100\mu F$ 选用 $R\times100$。

②把待测电容器的两引脚短路，以便放掉电容器内残余的电荷，如图 8-15 所示。

③把万用表的黑表笔接电解电容器的正极，红表笔接负极，检测其正向电阻，表针先向右做大幅度摆动，然后再慢慢回到 ∞ 的位置，然后重复方法 ∞ 后，再将黑表笔接电解电容器的负极，红表笔接正极，检测反向电阻，表针先向右摆动，再慢慢返回，但一般是不能回到无穷大的位置。检测过程中，如与上述不符，则说明电容器已损坏。常用的电解电容器的指针摆幅值见表 8-10，供检测时参考。

表 8-10 检测常用电解电容器的指针摆幅

指针摆幅 电阻挡 \ 容量/μF	≤10	20～25	30～50	≥100
$R\times100$	略有摆动	1/10 以下	2/10 以下	3/10 以下
$R\times1k$	2/10 以下	3/10 以下	6/10 以下	7/10 以下

注：万用表使用 MF500 型。

上述检测方法还可以用来鉴别电容器的正、负极，如图 8-16 所示。对失掉正、负极标志的电解电容器，可先用万用表两表笔进行一次检测，同时观察并记住表针向右摆动的幅度；然后两表笔对调再进行检测。哪一次检测中，表针停留的摆幅最小该次万用表黑表笔接触的引脚为正极，另一脚为负极。

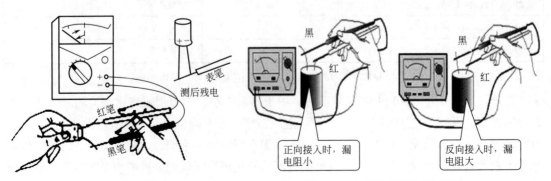

图 8-15 电容测量　　　　　　　　图 8-16 电解电容器的极性判断

四、考核与评价

1. 任务考核

任务考核见表8-11。

表8-11　任务考核

项目	评分标准		配分	得分
认识各种电容器	不能正确认识电容器	每次扣2分	20分	
电容器的检测	①不能正确选择万用表挡位 ②不能正确欧姆挡调零 ③测量方法不正确 ④不能正确读数 ⑤损坏万用表 ⑥万用表使用完毕不按要求回表	扣5分 每次扣2分 每处扣2分 扣5分 此项不得分 扣5分	80分	
安全文明生产	违反安全文明生产倒扣10分			

2. 总结与评价

以小组为单位，选择演示文稿、展板、海报、录像等形式中的一种或几种，向全班展示、汇报学习成果，根据表8-12进行总结与评价。

表8-12　项目总结与评价

班级：_____		指导教师：_____					
小组：_____		日期：_____					
姓名：_____							
评价项目	评价标准	评价依据	评价方式			权重	得分小计
			学生自评20%	小组互评30%	教师评价50%		
职业素养	①遵守企业规章制度、劳动纪律 ②按时按质完成工作任务 ③积极主动承担工作任务，勤学好问 ④人身安全与设备安全	①出勤 ②工作态度 ③劳动纪律 ④团队协作精神				0.6	
创新能力	①在任务完成过程中能提出自己的有一定见解的方案 ②在教学或生产管理上提出建议，具有创新性	①方案的可行性及意义 ②建议的可行性				0.4	
合计							

任务三　电感器的识别与检测

知识目标

1. 认识电感器形状。
2. 了解电感器的分类、型号与性能参数。

3. 掌握电感器的测量方法。

能力目标

1. 能够培养学生安全意识、文明生产意识。
2. 能够正确识别与检测电感器。

素质目标

1. 培养学生查阅资料、自我学习的能力。
2. 培养学生独立思考的能力。
3. 培养学生解决工程问题的能力。
4. 培养学生团队合作能力。
5. 培养学生创新意识与能力。

基础知识

  凡能产生自感、互感作用的器件均称为电感器。在无线电整机中，电感器一般分为电感线圈和变压器两类。电感线圈的用途极为广泛，在交流电路中线圈有阻碍交流通过的能力，常在电路中做阻流、变压、交联耦合及负载等。当线圈和电容配合时可用作调谐、滤波、选频、分频、退耦等。

  电感线圈的种类很多，按电感的形式分可分为固定电感线圈、可变电感线圈、微调电感线圈等；按芯的材料可分为空气芯电感线圈和磁芯电感线圈；按绕线结构可分单层、多层、蜂房式电感线圈；按功能可分为电视偏转线圈、振荡线圈、扼流线圈等。常见电感线圈的外形及相应的电路符号如图8-17所示。

  变压器是利用线圈之间的互感作用，对交流（或信号）进行电压变换、电流变换、阻抗变换、传递功率及信号、隔断直流等。变压器的种类很多，按芯的材料可分为空气芯、磁芯、可调磁芯及铁芯变压器；按工作频率可分为低频、中频、高频变压器；按结构形式可分为芯式、壳式、环形、金属箔变压器；按用途可分为电源、调压、脉冲、耦合、线间变压器等。常见变压器外形及电路符号如图8-18所示。

1. 电感器的型号命名方法

（1）固定电感线圈的型号命名方法

此电感线圈型号由四部分组成。

第一部分是主称，用字母L表示电感线圈，用ZL表示阻流圈。

第二部分是特征，用字母G表示高频。

第三部分是结构形式，用字母X表示小型；数码1表示卧式；数码4表示立式。

第四部分是区分代号，用数字表示。

如LGX表示为小型高频电感线圈，LG1表示为卧式高频电感线圈。

（2）变压器的型号命名方法

铁芯变压器的型号由三部分组成。

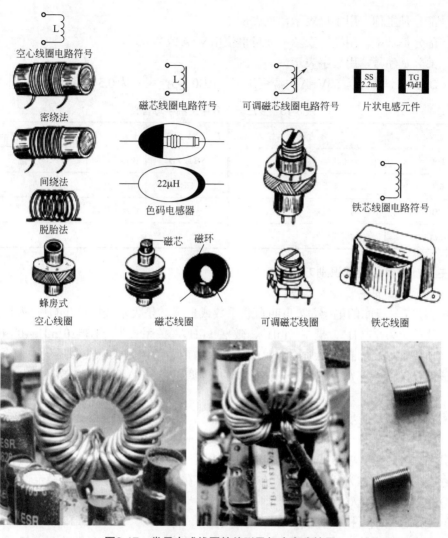

图8-17　常见电感线圈的外形及相应电路符号

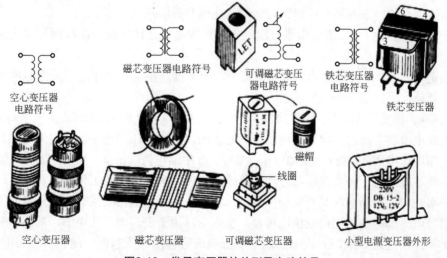

图8-18　常见变压器的外形及电路符号

第一部分是主称，用字母表示，见表8-13。

第二部分是功率，用数字表示，计量单位用V·A或W标志。

第三部分是序号，用数字表示。

如：DB50-1，表示为50V·A电源变压器；RB0.5-5，表示为0.5W音频输入变压器。

表8-13 变压器型号中主称字母含义

符号	含义	符号	含义
DB	电源变压器	SB或ZB	音频输送变压器
RB	音频输入变压器	GB	高压变压器
CB	音频输出变压器	HB	灯丝变压器
SB或EB	音频输送变压器		

2. 主要技术参数及其识别方法

（1）电感线圈的主要技术参数

①电感量L。线圈的电感量L也叫自感系数或自感，是表示线圈产生自感应能力的一个物理量。其单位为亨（H）、毫亨（mH）、微亨（μH），关系式为：$1H=10^3 mH=10^6 μH$。

②品质因数Q。线圈的品质因数也叫优质因数或Q值，是表示线圈质量的一个物理量。它是指线圈在某一频率f的交流电压下工作时所呈现的感抗（ΔL）与等效损耗电阻R等效之比。即：$Q=\Delta L/R_{等效}=27rfL/R_{等效}$

频率f较低时，可认为R等于线圈的直流电阻；f较高时，R为包括各种损耗在内总等效电阻。

③分布电容。分布电容线圈的匝与匝间、线圈与屏蔽罩间（有屏蔽罩时）、线圈与磁芯、底板间存在的电容均称为分布电容。分布电容的存在使线圈的Q值减小，稳定性变差，因而线圈的分布电容越小越好。

（2）变压器的主要技术参数

描述变压器技术特性的参数很多，但不同用途的变压器对各种参数的要求却不一样。例如，对音频变压器而言，频率响应是很重要的一个参数，但对电源变压器则不考虑这项指标。下面简单介绍一下各种变压器比较通用的几项参数的意义。

①变压比（匝比）n。指变压器一次电压与二次电压之比，或一次线圈与二次线圈匝数之比，即：$n=U_1/U_2=N_1/N_2$。

②额定功率P。指在规定的频率和电压下，变压器长期工作而不超过规定温度的最大输出功率。其单位用伏安（V·A）表示。

③效率η。指变压器输出功率与输入功率的比值，即$\eta=P_2/P_1\times100\%$。

④绝缘电阻。变压器各绕组之间及与铁芯之间，施加电压与产生的漏电流之比，称为绝缘电阻，即绝缘电阻（MΩ）=施加电压（V）/产生漏电流（μA）。如果电源变压器绝缘电阻过低，就可能出现一、二次线圈之间短路或外壳短路现象，造成工作异常和不安全。

⑤频率响应。频率响应是音频变压器的一项重要指标。通常要求音频变压器对不同频率的音频信号电压都能按相同的变压比传输。实际上，由于变压器一次电感、漏感和分布电容的影响，不能实现这一点，一次电感越小，低频信号输出电压越低；漏感和分布电容越大，使高频信号的输出电压越低。

（3）电感器参数的识别

体积较大的电感线圈，其电感量及标称电流均在外壳标出。变压器的额定功率、变压比和效率也都标在外壳上。

还有一种小型固定高频电感线圈，也叫做色码电感器，在其外壳上标以色环或直接用数字标明电感量数值，其色码标示规则与电阻器、电容器色码标示规则相同，但是电感线圈的电感量的单位为μH。SL（卧式）型电感线圈识别实例如图8-19所示；EL（立式）型电感线圈识别实例如图8-20所示。

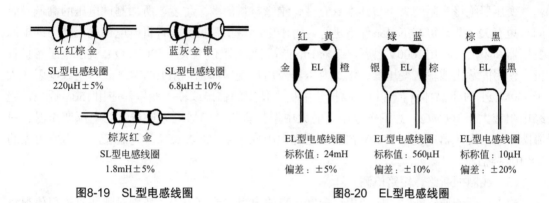

图8-19　SL型电感线圈　　　　　　　　图8-20　EL型电感线圈

![技能实训]

一、实训目标

掌握电感器的检测技能。

二、实训器具材料

电感线圈、变压器、万用表等。

三、实训内容步骤

1. 电感线圈的检测

（1）电感线圈质量判别

用万用表测量线圈电阻可大致判别其质量好坏。一般电感线圈的直流电阻很小（为零点几欧至几十欧），低频扼流线圈的直流电阻也只有几百至几千欧。当测得线圈电阻无穷大时，表明线圈内部或引出端已断路；当测得线圈电阻远小于正常值或接近零时，表明线圈局部短路。使用万用表判断线圈局部短路故障有一定难度，使用代换法检测更为可靠。

（2）电感线圈的性能检测

欲准确检测电感线圈的电感量 L 和品质因数 Q，一般均需要专门仪器，而且测试步骤较为复杂。在实际工作中，多不进行这种检测，而是根据电路的要求结合具体电感线圈，对其性能进行推断和简易测试。

2. 变压器的检测

电源变压器、音频输入或输出变压器及馈送变压器使用前或经过修理后，都应进行检测。

（1）外观检查

外观检查就是根据变压器外表有无异常情况，推断其质量的好坏，如线圈引线是否断线、脱焊，线圈外层的绝缘材料是否烧焦变色，是否有机械损伤和表面破损，铁芯插装及紧固情况是否良好等。

（2）绝缘电阻的检测

变压器绝缘电阻的大小与其本身温度、绝缘材料的潮湿程度、所加测试电压的高低及时间长短有关。测试可在室温条件下进行，对于中小型扩音机、收音机、电视机上使用的电源变压器和阻流圈，用1000V摇表，起摇1min后测得的阻值应大于1000MΩ；对于电子管扩音机上使用的输出或输入变压器、馈送变压器及用户变压器也可用1000V摇表，绝缘电阻应大于500MΩ；对于晶体管扩音机、收扩两用机上使用的输出或输入变压器应用150V摇表，绝缘电阻应大于100MΩ；对工作电压高的大中型扩音机、广播机等设备中的电源变压器、阻流圈、输出变压器应使用2500V摇表，绝缘电阻应大于1000MΩ。若无摇表，可用万用表的 $R \times 10k$ 挡估测一下。

（3）线圈的断路、短路检测

检查线圈的通、断时，应使用精确度较高的电阻表或万用表。特别对那些直流阻值很小的绕组，检测时应仔细读数，注意万用表调零准确，并保证表笔与线圈端头接触良好。所测各种线圈的直流阻值不应小于其正常值（自己积累的实测值或收集后的额定值）的5%。若测试结果远大于正常值，说明线圈接触不良或有断路故障；反之，若远小于正常值或为零，说明线圈有短路故障（主要指同绕组各匝之间短路）。

四、考核与评价

1. 任务考核

任务考核见表8-14。

表8-14　任务考核

项目	评分标准		配分	得分
认识各种电感线圈	不能正确认识电感线圈	每次扣2分	20分	
电感线圈的检测	①不能正确选择万用表挡位 ②不能正确欧姆挡调零 ③测量方法不正确 ④不能正确读数 ⑤损坏万用表 ⑥万用表使用完毕不按要求回表	扣5分 每次扣2分 每处扣2分 扣5分 此项不得分 扣5分	80分	
安全文明生产	违反安全文明生产倒扣10分			

2. 总结与评价

以小组为单位，选择演示文稿、展板、海报、录像等形式中的一种或几种，向全班展示、汇报学习成果，根据表8-15进行总结与评价。

表8-15　项目总结与评价

| 班级：_____ 小组：_____ 姓名：_____ | | 指导教师：_____ 日期：_____ | | | | | |

评价 项目	评价标准	评价依据	评价方式			权重	得分 小计
			学生 自评 20%	小组 互评 30%	教师 评价 50%		
职业 素养	①遵守企业规章制度、劳动纪律 ②按时按质完成工作任务 ③积极主动承担工作任务，勤学好问 ④人身安全与设备安全	①出勤 ②工作态度 ③劳动纪律 ④团队协作精神				0.6	
创新 能力	①在任务完成过程中能提出自己的有一定见解的方案 ②在教学或生产管理上提出建议，具有创新性	①方案的可行性及意义 ②建议的可行性				0.4	
合计							

任务四　二极管的识别与检测

知识目标

1. 认识二极管形状。
2. 了解二极管的分类、型号与性能参数。
3. 掌握二极管的测量方法。

能力目标

1. 能够培养学生安全意识、文明生产意识。
2. 能够正确识别与检测二极管。

素质目标

1. 培养学生查阅资料、自我学习的能力。
2. 培养学生独立思考的能力。
3. 培养学生解决工程问题的能力。
4. 培养学生团队合作能力。
5. 培养学生创新意识与能力。

基础知识 👆

半导体二极管又称晶体二极管，简称二极管。在一个PN结的两端加上引线，然后把它封装在管壳内，这样就构成了一个二极管。二极管的电路符号如图8-21所示。

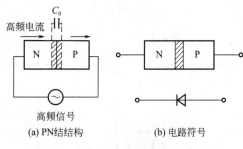

(a) PN结结构　　　(b) 电路符号

图8-21　二极管PN结结构及电路符号

带箭头的一端表示P区引出线，叫做正极，箭头表示正电流的方向。竖线一端表示N区引出线，叫做负极。由于PN结具有单向导电性，二极管可用于检波、整流等。

1. 二极管的种类

二极管的种类很多，按材料分有硅、锗、砷化镓二极管等；按结构及制作工艺分有点接触、面接触、平面型二极管，按用途分有检波、整流、开关、稳压、变容、发光、光敏二极管等。常用二极管外形如图8-22所示。

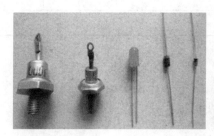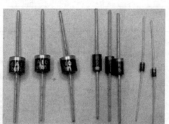

图8-22　常用二极管外形

2. 半导体二极管的型号

国产半导体二极管的型号命名，按照国家标准GB 249—74规定由五部分组成，见表8-16。

表8-16　半导体二极管的型号命名

第一部分		第二部分		第三部分				第四部分	第五部分
用数字表示器件的电极数目		用拼音字母表示器件材料、极性		用拼音字母表示器件类别				用数字表示器件序号	用汉语拼音表示规格号
符号	意义	符号	意义	符号	意义	符号	意义		
2	二极管	A	N型锗材料	P	普通管	C	参量管		
		B	P型锗材料	Z	整流管	U	光电器件		
		C	N型硅材料	W	稳压管	N	阻尼管		
		D	P型硅材料	K	开关管	BT	半导体		
				L	整流堆		特殊器件		

技能实训 👆

一、实训目标

二极管的检测。

二、实训器具材料

二极管、万用表等。

三、实训内容与步骤

1. 直观识别二极管的极性

二极管的正、负极一般要在它的外壳上标出。其标示方式，有的标出电路符号，有的用色点或标志环表示，有的要借助二极管的外形特征来识别，如图8-23所示。

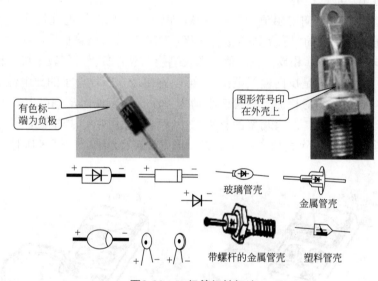

图8-23　二极管极性标注

二极管有色点的一端为正极；或二极管上面标有电路符号，其极性与所标符号相一致；进口二极管一般在靠负极引线处有标志环；某些大电流的整流二极管的正、负极引脚形状不同，借此可分清它的正、负极。在图8-23中，中、小功率金属壳封装（整流）二极管，带螺纹的一端为负极，另一端为正极。

2. 用万用表进行极性判别

当二极管封装上的符号或极性不清楚或无手册可查时，可依据二极管单向导电性来判断它的极性。

①将万用表置于$R \times 100$或$R \times 1k$挡，如图8-24（a）所示。

②分别用红、黑表笔同时接触二极管的两引线，然后再对调表笔重新测量，如图8-24（c）、（d）所示。

③在所测阻值小的那次测量中，黑表笔所接的是二极管的正极，红表笔所接的是二极管

的负极，万用表指示值如图8-24（b）所示。

 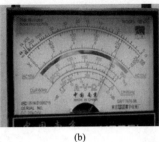  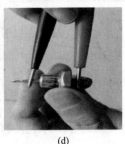

(a)   (b)   (c)   (d)

图8-24 万用表测量二极管

3. 晶体二极管的性能检测

晶体二极管的主要故障有断路、击穿、单向导电性变劣（正向电阻变大或反向电阻变小）及性能变劣等。

（1）单向导电性能的检测

通常二极管的正、反向电阻值相差越悬殊，说明它的单向导电性越好。因此，通过检测其正向电阻值（万用表的黑表笔接二极管正极，红表笔接二极管负极，此时表内电池给二极管加的是正向偏置电压）和反向电阻值（黑表笔接二极管负极，红表笔接二极管正极，此时表内电池给二极管加的是反向偏置电压），可以方便地判断出管子的导电性能，如图8-25所示。检测正向电阻时，对检波二极管或小功率整流管，应使用$R \times 100$挡，其值为几百欧（锗管）或几千欧（硅管）。测大功率的整流二极管，应使用$R \times 1$挡检测，其值约为十几或几十欧；测反向电阻时，除大功率的硅整流二极管以外，一般使用$R \times 1k$挡，其值应为几百千欧以上。

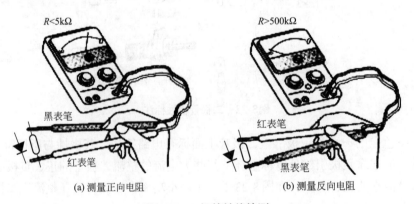

(a) 测量正向电阻   (b) 测量反向电阻

图8-25 二极管性能检测

在检测时，若二极管的正、反向电阻值都很大，说明其内部断路；反之，若其正、反向电阻值都很小，说明其内部有短路故障；如果两次所测值差别不大，说明此管失效。这几种情况都说明二极管已损坏不能使用了。

【操作提示】

检测一般小功率二极管的正、反向电阻，不宜使用$R \times 1$或$R \times 10k$挡，前者通过二极管的正向电流较大，可能烧毁管子；后者加在二极管两端的反向电压太高，易将管子击穿。另外，二极管正、反向电阻值随检测所用万用表的量程（$R \times 100$ 或 $R \times 1k$ 挡）不同而不同，这属正常现象。

（2）反向击穿电压的检测

使用整流二极管有时需检测其反向击穿电压值，最简易的检测法是采用兆欧表（摇表）检测，具体方法如图8-26所示。

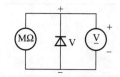

图8-26 采用兆欧表检测反向击穿电压

将兆欧表的E端（带正电）接被测整流二极管负极，L端（带负电）接整流二极管的正极。按120r/min额定转速摇兆欧表，使整流二极管进入反向击穿状态。U_{EL}钳位于击穿电压U值上，利用万用表DCV挡可直接读出U_{BR}值。由于兆欧表内阻很高，输出电流仅1mA左右，故被测管呈现软击穿状态，不会造成硬击穿。

4. 稳压二极管的检测

稳压二极管又称齐纳二极管，是一种用于稳压（或限压）、工作于反向击穿状态的特殊二极管。稳压二极管一般用硅半导体材料制成。

稳压二极管的种类很多，从外形上分为金属外壳、塑料封装外壳及玻璃外壳三种。稳压二极管的外形和电路符号如图8-27所示。

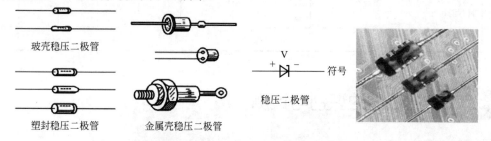

图8-27 稳压二极管的外形和电路符号

稳压二极管在反向击穿前的导电特性与一般二极管相似，因而可以通过检测其正、反向电阻值的方法，判别它的正、负极和质量情况。

四、考核与评价

1. 任务考核

任务考核见表8-17。

表8-17 任务考核

项目	评分标准		配分	得分
认识各种二极管	不能正确认识二极管	每次扣2分	20分	
二极管的检测	①不能正确选择万用表挡位	扣5分	80分	
	②不能正确欧姆挡调零	每次扣2分		
	③测量方法不正确	每处扣2分		
	④不能区分两个电极	每处扣5分		
	⑤不能正确判断三极管的好坏	扣5分		
	⑥损坏万用表	此项不得分		
	⑦万用表使用完毕不按要求回表	扣5分		
安全文明生产	违反安全文明生产倒扣10分			

2. 总结与评价

以小组为单位，选择演示文稿、展板、海报、录像等形式中的一种或几种，向全班展示、汇报学习成果，根据表8-18进行总结与评价。

表8-18 项目总结与评价

班级：_____ 小组：_____ 姓名：_____		指导教师：_____ 日期：_____					
评价项目	评价标准	评价依据	评价方式			权重	得分小计
			学生自评 20%	小组互评 30%	教师评价 50%		
职业素养	①遵守企业规章制度、劳动纪律 ②按时按质完成工作任务 ③积极主动承担工作任务，勤学好问 ④人身安全与设备安全	①出勤 ②工作态度 ③劳动纪律 ④团队协作精神				0.6	
创新能力	①在任务完成过程中能提出自己的有一定见解的方案 ②在教学或生产管理上提出建议，具有创新性	①方案的可行性及意义 ②建议的可行性				0.4	
合计							

任务五　三极管的识别与检测

知识目标

1. 认识三极管形状。
2. 了解三极管的分类、型号与性能参数。
3. 掌握三极管的测量方法。

能力目标

1. 能够培养学生安全意识、文明生产意识。
2. 能够正确识别与检测三极管。

素质目标

1. 培养学生查阅资料、自我学习的能力。
2. 培养学生独立思考的能力。
3. 培养学生解决工程问题的能力。
4. 培养学生团队合作能力。
5. 培养学生创新意识与能力。

　　晶体三极管（可简称为三极管）是内部含有两个PN结，外部具有三个电极的半导体器件。三极管具有电流放大和开关作用，主要用于电路的放大、振荡、控制、稳压、倒相、开关、阻抗匹配等。由于其内部同时存在两种载流子——电子和空穴，且这两种载流子所载的电荷极性正好相反，故又称为双极型三极管。

　　常用三极管按材料分可以分为硅和锗三极管；按导电性又分PNP型和NPN型；按生产工艺分为合金型、扩散型、平面型等；按工作频率分为低频、高频、超高频管；按功率又分为小功率、中功率和大功率三极管；从外形结构上分为小功率金属封装、大功率金属封装、塑料封装等；按功能和用途可分放大、开关、低噪声、高反压管等。常用三极管的外形和电路符号如图8-28所示。

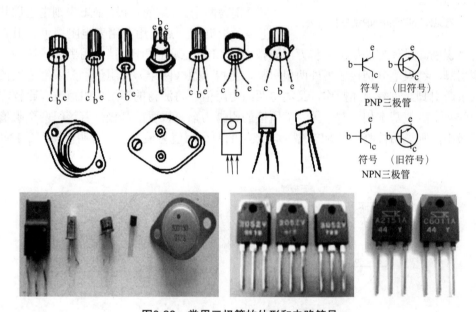

图8-28　常用三极管的外形和电路符号

　　锗管具有较低的起始工作电压。用锗材料制作的PN结的正向导通电压为0.2～0.3V，如果锗三极管发射极和基极之间有0.2～0.3V电压，三极管即可开始工作。其次，锗管的饱和压降较低。三极管导通时，锗管发射极和集电极之间的电压较低，在实际电路中，锗管更容易满足在低电压下工作。锗管的漏电流较大，同时锗管耐压较低。

技能实训

一、实训目标

　　掌握晶体三极管检测技能。

二、实训器具材料

三极管、万用表等。

三、实训内容步骤

1. NPN型和PNP型三极管的识别

（1）直观识别法

根据管子的外形可粗略判别出它们的管型来。目前市售小功率金属壳三极管，NPN型管壳高度比PNP型低得多，且有一突出标志，如图8-29所示。对塑封小功率三极管来说，也多为NPN型。

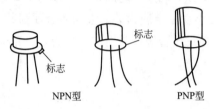

图8-29　常见NPN型和PNP型三极管外形

（2）万用表识别法

如图8-30所示，对PNP型三极管而言，c、e极分别为其内部两个PN结的正极，b极为它们共同的负极；对NPN型三极管而言，情况恰好相反，c、e极分别为两个PN结的负极，而b极则是它们共同的正极。根据这一点，用万用表电阻挡可以很方便地进行管型识别。具体方法如下：将万用表拨在$R \times 100$（或$R \times 1k$）挡，用黑表笔接触三极管的一根引脚，红表笔分别接触另外两根引脚，测得一组（两个）电阻值；黑表笔依次换接三极管其余两引脚，重复上述操作，又测得两组电阻值。将测得的三组电阻值进行比较，当某一组中的两个阻值基本相同时，黑表笔所接的引脚为该三极管的基极。若该组两个阻值为三组中的最小，则说明被测管是NPN型；若该组的两个阻值为最大，则说明被测管是PNP型。

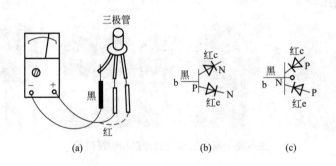

图8-30　确定三极管极性

2. 锗、硅管的判别

用万用表电阻当判别锗、硅管的具体方法是：用万用表$R \times 1k$挡测量三极管发射结的正向电阻大小（对NPN型管，黑表笔接基极，红表笔接发射极；对PNP型管，则黑、红表笔对调一下）。若测得阻值在$3 \sim 10k\Omega$，说明是硅管，若为$500 \sim 1000\Omega$，则是锗管。

3. 三极管引脚识别

（1）直观识别法

三极管的三根引脚分布是有一定规律的，根据这一规律可进行三根引脚的识别。

①金属壳三极管引脚分布如图8-31所示。

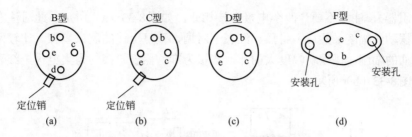

图8-31　金属封装三极管引脚分布示意图

②几种国产塑料封装三极管引脚分布如图8-32所示。

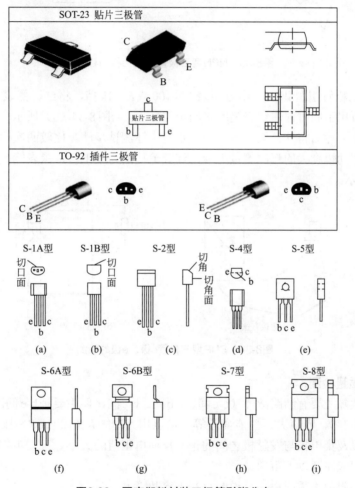

图8-32　国产塑料封装三极管引脚分布

（2）万用表识别法

用万用表识别三极管各引脚的方法是：用万用表的电阻挡（$R \times 1k$）先确定基极和管型（是NPN或PNP），再确定集电极和发射极。关于前者的识别方法已经介绍了，这里主要介绍识别集电极和发射极的方法。

①NPN型三极管引脚识别。在判断出管型和基极b的基础上，将万用表拨在$R \times 1k$挡上，用黑、红表笔接基极之外的另两根引脚，再用手同时捏住黑表笔所接的极与b极（手相

当于一个电阻器），注意不要让两个电极直接相碰，如图8-33（a）所示，此时注意观察万用表指针向右摆动的幅度；然后，将黑、红表笔对调，重复上述的测试步骤。比较两次检测中表针向右摆动的幅度，以摆动幅度大的那次测量为准，黑表笔接的为集电极，红表笔接的为发射极，如图8-33（b）所示。

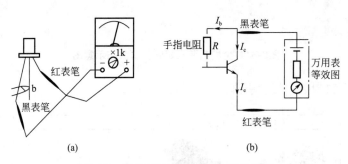

图8-33　NPN型三极管c极、e极的检测

②PNP型三极管引脚识别。用万用表$R \times 100$或$R \times 1k$挡，将红、黑表笔接基极以外的另两根引脚，再用手同时捏住红表笔所接的极与b极，如图8-34（a）所示，观察万用表指针向右摆动的幅度；然后将红、黑表笔对调，重复上述测试步骤。比较两次检测中表针向右摆动的幅度，以摆动幅度大的那次测量为准，红表笔接的为集电极，黑表笔接的为发射极，如图8-34（b）所示。

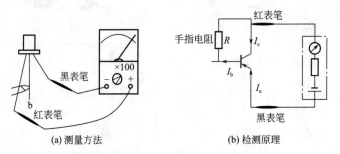

(a) 测量方法　　　　　　　(b) 检测原理

图8-34　PNP型三极管c极、e极的检测

4. 三极管质量检测

三极管的故障主要有断路故障（c-e间、c-b间、b-e间，但主要是b-e间断路）、击穿故障（主要是c-e间击穿）、噪声大、性能变差等。可以用万用表$R \times 100$或$R \times 1k$挡测量三极管集电结、发射结以及集电极与发射极之间的正、反向电阻值的大小，来初步判断三极管的质量好坏。在检测中应注意以下事项。

①若测得的阻值为零或很小，说明存在击穿故障。

②若测得的阻值为∞（无穷大），说明存在断路故障。

③若测量时表针不停地摆动，当用手抓住三极管外壳时，表针所指的阻值在减小，减小的值越多说明该管的温度稳定性越差。

四、考核与评价

1. 任务考核

任务考核见表8-19。

表8-19　任务考核

项目	评分标准		配分	得分
认识各种三极管	不能正确认识三极管	每次扣2分	20分	
三极管的检测	①不能正确选择万用表挡位 ②不能正确欧姆挡调零 ③测量方法不正确 ④不能区分三个电极 ⑤不能正确判断三极管的好坏 ⑥损坏万用表 ⑦万用表使用完毕不按要求回表	扣5分 每次扣2分 每处扣2分 每处扣5分 扣5分 此项不得分 扣5分	80分	
安全文明生产	违反安全文明生产倒扣10分			

2. 总结与评价

以小组为单位，选择演示文稿、展板、海报、录像等形式中的一种或几种，向全班展示、汇报学习成果，根据表8-20进行总结与评价。

表8-20　项目总结与评价

班级：_____
小组：_____
姓名：_____

指导教师：_____
日期：_____

评价项目	评价标准	评价依据	评价方式			权重	得分小计
			学生自评20%	小组互评30%	教师评价50%		
职业素养	①遵守企业规章制度、劳动纪律 ②按时按质完成工作任务 ③积极主动承担工作任务，勤学好问 ④人身安全与设备安全	①出勤 ②工作态度 ③劳动纪律 ④团队协作精神				0.6	
创新能力	①在任务完成过程中能提出自己的有一定见解的方案 ②在教学或生产管理上提出建议，具有创新性	①方案的可行性及意义 ②建议的可行性				0.4	
合计							

任务六　晶闸管的识别与检测

知识目标

1. 认识晶闸管形状。

2. 了解晶闸管的分类、型号与性能参数。

3. 掌握晶闸管的测量方法。

能力目标

1. 能够培养学生安全意识、文明生产意识。
2. 能够正确识别与检测晶闸管。

素质目标

1. 培养学生查阅资料、自我学习的能力。
2. 培养学生独立思考的能力。
3. 培养学生解决工程问题的能力。
4. 培养学生团队合作能力。
5. 培养学生创新意识与能力。

基础知识

晶闸管是一种"以小控大"的功率型器件。晶闸管具有体积小、重量轻、功耗低、效率高、寿命长等特点，广泛应用于家用电器、电子测量仪器和工业自动化设备中。晶闸管有三个电极，分别称为阳极A、阴极K和控制极G。它是一种PNPN四层半导体器件，其中控制极是从P型硅层上引出，供触发晶闸管用，如图8-35所示。

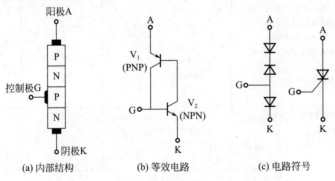

(a) 内部结构　　(b) 等效电路　　(c) 电路符号

图8-35　晶闸管的内部结构、等效电路及电路符号

1. 晶闸管外形
国产晶闸管的封装形式较多的是螺栓式、平板式、塑封式，常见外形如图8-36所示。
国产单向晶闸管的型号主要有3CT×××和KP×××，如3CT101～107、KP50等。

2. 单向晶闸管
单向晶闸管即普通晶闸管（SCR），广泛应用于可控整流、交变调压、逆变器和开关电源等电路中。
单向晶闸管导通必须具备两个条件：阳极A和阴极K之间加正向电压；控制级G和阴极K之间必须加上一定大小的正向触发电压。

3. 晶闸管的特性曲线和主要参数

由图8-35（b）可知，晶闸管可等效成由两只三极管V_1、V_2组成的组合管。当晶闸管的阳、阴极间加上正向电压E_a，并在它的控制极G加正向电压E_G。晶闸管的阳、阴极间流过较大的电流，管压降很低。晶闸管导通后，由于的基极上始终有很大的电流（$\beta_2\beta_1I_G$）通过，此时即便去掉控制极电压E_G，晶闸管仍然维持其导通状态。晶闸管的伏安特性曲线如图8-37所示。

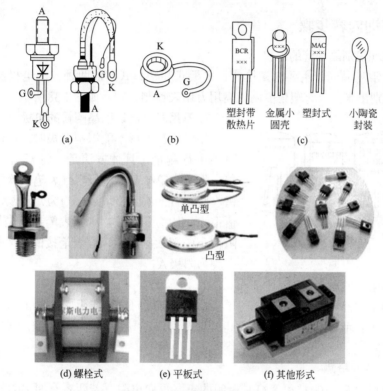

塑封带　金属小　塑封式　小陶瓷
散热片　圆壳　　　　　封装
(a)　　　　　(b)　　　　　(c)

单凸型
凸型

(d) 螺栓式　　　(e) 平板式　　　(f) 其他形式

图8-36　常见晶闸管的外形

晶闸管在下述三种情况下不导通：阳、阴间加负电压，此时等效的两只三极管因反向电压而截止，称为反向阻断特性，见图8-37Ⅲ象限中的曲线；当阳、阴间加正电压，但不加控制极电压E_G，晶闸管因得不到最初的触发电流而截止，称为正向阻断特性，如图8-37所示；阳、阴极间导通电流小于其维持电流I_H，即不能维持其内部等效三极管的饱和状态，晶闸管因而截止。

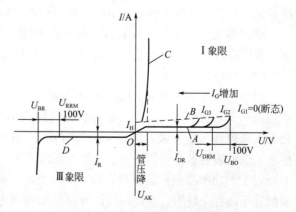

图8-37　单向晶闸管的伏安特性曲线

技能实训 👆

一、实训目标

掌握单向晶闸管的识别技能。

二、实训器具材料

单向晶闸管、双向晶闸管、万用表等。

三、实训内容步骤

1. 外形直观识别晶闸管的电极

目前国内常见晶闸管主要有螺栓式、平板式和塑封式，前两种三个电极的形状区别很大，可直观识别出来。只有塑封晶闸管需用万用表检测识别，如图8-38所示。

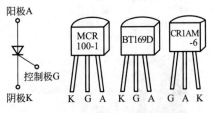

图8-38　塑封晶闸管的管脚排列

2. 万用表检测识别晶闸管的电极

如果从其外形不能识别电极时，可以用万用表电阻挡进行测量，具体方法是：将万用表拨在$R \times 100$挡，将黑表笔接某一电极，红表笔依次接触另外的电极，假如有一次阻值很小，约为几百欧，而另一次阻值很大，约为几千欧，则黑表笔接的是控制极G。在阻值小的那次测量中，红表笔接的是阴极K，剩余的一脚为阳极A。

3. 单向晶闸管的质量识别

一个好的单向晶闸管，应该是3个PN结良好；反向电压能阻断；加正向电压，控制极断路时也能阻断；而当控制极加了正向电流时晶闸管能导通，且在撤去控制极电流后仍能维持导通。

（1）PN结特性检测

首先用万用表$R \times 100$挡检测G-K极间的正、反向电阻，若两者有明显差别（与普通二极管相比差别小得多），说明PN结是好的。若其正、反向电阻皆为无穷大，说明控制极断路；反之，若正、反向电阻都为零，说明控制极短路。检测A-G、A-K极间正、反向电阻都应很大。如果出现阻值较小的情况，说明有PN结击穿短路现象，晶闸管已损坏。

顺便指出，若晶闸管A-K或A-G之间断路，阻值也为无穷大，用上述方法很难判断出来。所以在进行上述检测之后，还应进行导电检测。

（2）导电特性检测

对小功率单向晶闸管，将万用表置$R \times 1$挡，黑表笔接A极，红表笔接K极，然后用导线短接一下G极和A极，此时应看到表针偏向小电阻方向（几十欧至十几欧），这时断开G极和A极连线（红、黑表笔必须始终与K极、A极连接），表针示值应保持不变，如图8-39所示。这就表明被测管的触发特性基本正常，否则就是触发特性不良或根本不能触发。

对于大功率晶闸管，因其导通压降较大，用$R \times 1$挡提供的阳极电流低于维持电流I。故晶闸管不能完全导通，在短路线断开时晶闸管随之关断。为此，可改用双表法检测，即把两万用表$R \times 1$挡串联起来使用（将第一块万用表的黑表笔与第二块万用表的红表笔短接），获得3V的电源电压。也可在万用表$R\times1$挡的外部串联$1\sim2$节1.5V电池，将电源电压提升到$3\sim4.5$V，以便检查$10\sim100$A的大功率单向晶闸管。

测量单向晶闸管，可按图8-40搭一个简单电路。先接通单向晶闸管的阳级（A）和阴极（K），控制极G不接。如此时指示灯亮，被测晶闸管则是坏的。当被测晶闸管所接指示灯不亮时，再接一下控制极G，然后断开。如果灯泡亮，则说明被测晶闸管是好的，灯泡亮度高，说明被测管内阻小。如果指示灯不亮，说明被测晶闸管是坏的。

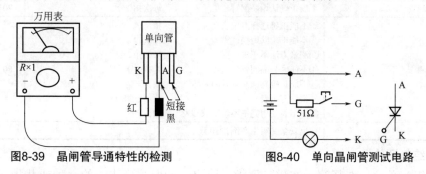

图8-39 晶闸管导通特性的检测   图8-40 单向晶闸管测试电路

4. 双向晶闸管的测试

用万用表测试双向晶闸管的好坏，首先要分清双向晶闸管的控制极G和主电极T1和T2。把万用表拨在$R\times1$或$R\times10$挡，黑表笔接T2，红表笔接T1，然后将T2与G瞬间短路一下，立即离开，此时若表针有较大幅度的偏转，并停留在某一位置上，说明T1与T2已触发导通；把红、黑表笔调换后再重复上述操作，如果T1、T2仍维持导通，说明这只双向晶闸管是好的，反之则是坏的，如图8-41所示。

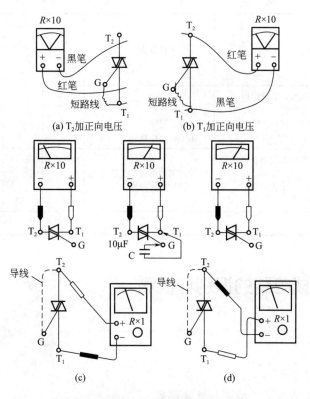

图8-41 万用表测试双向晶闸管的方法

四、考核与评价

1. 任务考核

任务考核见表8-21。

表8-21　任务考核

项目	评分标准		配分	得分
认识各种晶闸管	不能正确认识晶闸管	每次扣2分	20分	
晶闸管的检测	①不能正确选择万用表挡位 ②不能正确欧姆挡调零 ③测量方法不正确 ④不能区分晶闸管的电极 ⑤不能正确判断晶闸管的好坏 ⑥损坏万用表 ⑦万用表使用完毕不按要求回表	扣5分 每次扣2分 每处扣2分 处扣5分 扣5分 此项不得分 扣5分	80分	
安全文明生产	违反安全文明生产倒扣10分			

2. 总结与评价

以小组为单位，选择演示文稿、展板、海报、录像等形式中的一种或几种，向全班展示、汇报学习成果，根据表8-22进行总结与评价。

表8-22　项目总结与评价

班级：_____ 小组：_____ 姓名：_____			指导教师：_____ 日期：_____				
评价项目	评价标准	评价依据	评价方式			权重	得分小计
			学生自评20%	小组互评30%	教师评价50%		
职业素养	①遵守企业规章制度、劳动纪律 ②按时按质完成工作任务 ③积极主动承担工作任务，勤学好问 ④人身安全与设备安全	①出勤 ②工作态度 ③劳动纪律 ④团队协作精神				0.6	
创新能力	①在任务完成过程中能提出自己的有一定见解的方案 ②在教学或生产管理上提出建议，具有创新性	①方案的可行性及意义 ②建议的可行性				0.4	
合计							

任务七　集成电路的识别与检测

知识目标

1. 认识集成电路形状。

2. 了解集成电路的分类、型号与性能参数。

3.掌握集成电路的测量方法。

能力目标

1.能够培养学生安全意识、文明生产意识。

2.能够正确识别与检测集成电路。

素质目标

1.培养学生查阅资料、自我学习的能力。

2.培养学生独立思考的能力。

3.培养学生解决工程问题的能力。

4.培养学生团队合作能力。

5.培养学生创新意识与能力。

基础知识

　　集成电路是利用半导体工艺和膜工艺将晶体管、电阻器、电容器以及连接导线制作在很小的半导体或绝缘基体上，形成一个完整的电路，并封装在特制的外壳之中，它也可以称为固体组件，常用英文字母"IC"表示。集成电路与分立元器件电路相比，大大减小了体积，且重量轻，可靠性高、成本低廉、应用广泛。

1.集成电路的种类

①按制造工艺分类，见表8-23。

表8-23　集成电路的分类（一）

种类名称		主要特点
半导体IC	双极型IC	由双极晶体管构成，用半导体集成工艺制成电路
	串极型IC	由MOS晶体管构成的半导体集成电路
膜混合IC	薄膜IC	整个电路由1μm的金属半导体或金属氧化膜重叠构成
	厚膜IC	制作电路的膜厚度可达几十微米
	混合IC	由半导体集成工艺和薄（厚）膜工艺结合制成电路

②按集成度分类，见表8-24。

表8-24　集成电路的分类（二）

种类名称	主要特点
小规模IC	每片集成度小于100个元件或10个门电路
中规模IC	每片集成度为100～1000个元件或10～100个门电路
大规模IC	每片集成度为1000个元件或100个门电路以上
超大规模IC	每片集成度为10万个元件或1万个门电路以上

③按电路功能分类，见图8-42。

常用集成电路的外形见表8-25。

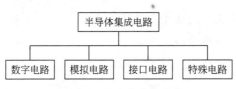

图8-42　集成电路的分类

表8-25　常用集成电路的外形

外形	名称
	LM386集成功率放大器
	555集成块
	三端稳压器
	贴片集成电路
	单片机

2. 集成电路的型号与命名

集成电路的型号与命名见表8-26和表8-27。

表8-26 国产半导体集成电路命名符号及定义

第一部分		第二部分		第三部分	第四部分		第五部分	
字母表示器件符合国家标准		字母表示器件的类型		数字表示器件的系列和品种代号	字母表示器件的工作温度范围		字母表示器件的封装形式	
符号	意义	符号	意义		符号	意义	符号	意义
C	中国制	T	TTL电路	与国际接轨	C	0～+70	W	陶瓷扁平封
		H	HTL电路		E	−40～+85	B	塑料扁平封
		E	ECL电路		R	−55～+85	F	全密封扁平
		C	CMOS电路		M	−55～+125	D	陶瓷直插封
		F	线性放大				P	塑料直插封
		D	音响电路				J	玻璃直插封
		W	稳压器				H	玻璃扁平封
		J	接口电路				K	金属壳菱形
		B	非线性				T	金属壳圆形
		M	存储器					
		μ	微处理器					

例如：

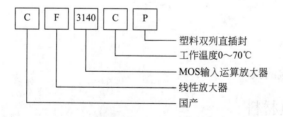

C F 3140 C P

塑料双列直插封
工作温度0～70℃
MOS输入运算放大器
线性放大器
国产

表8-27 常见外国公司生产的集成电路的字头符号

字头符号	生产国及厂商名称	字头符号	生产国及厂商名称
AN, DN	日本，松下	UA, F, SH	美国，仙童
LA, LB, STK, LD	日本，三洋	IM, ICM, ICL	美国，英特尔
HA, HD, HM, HN	日本，日立	UCN, UDN, UGN, ULN	美国，斯普拉格
TA, TC, TD, TL, TM	日本，东芝	SAK, SAJ, SAT	美国，ITT
MPA, Mpb, μPC, μPD	日本，日电	TAA, TBA, TCA, TDA	欧洲，电子联盟
CX, CXA, CXB, CXD	日本，索尼	SAB, SAS	德国，SIGE
MC, MCM	美国，摩托罗拉	ML, MH	加拿大，米特尔

3. 集成电路的封装与引脚识别

表8-28为集成电路的封装与引脚识别。

表8-28　集成电路的封装与引脚识别

封装形式	实物外形标志	引脚识别方法与技巧
圆形封装	 TO-71	将引脚朝上,从突出建标志记端起,引脚编号按顺时针方向排列(现应用较少)
单列直插式封装(SIP)	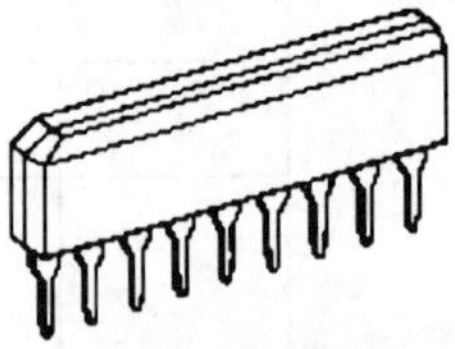	集成电路引脚朝下,以缺口、凹槽或色点作为引脚参考标记,引脚编号顺序一般从左到右排列
双列直插式封装(DIP)	 24　1	集成电路引脚朝上,以缺口或色点等标记为参考标记,引脚按逆时针方向排列

注:若无任何明显的引脚标记,将印有型号的一面朝着自己正向放置,左侧下端第一个引脚为1,逆时针方向依次为各引脚。

技能实训

一、实训目标

掌握集成电路的检测技能。

二、实训器具材料

集成电路、万用表。

三、实训内容步骤

集成电路的测量主要是测量集成电路的各引脚对应于地脚的正、反向电阻,具体方法如下。

①在集成电路手册上找到被测集成电路的型号,查找该集成电路各引脚对接地脚的正、反向电阻的参考值,并熟悉各引脚的功能。

②用万用表$R×1k$挡,测量被测集成电路某个引脚的正、反电阻值。注意一般不用$R×1$挡,以防测试电流大,损坏集成电路。

③将测量值与正常值比较,只要相差不大,一般误差不超出10%,就可以认为性能良好。

四、考核与评价

1. 任务考核

任务考核见表8-29。

表8-29　任务考核

项目	评分标准		配分	得分
认识各种集成块	不能正确认识集成块	每次扣2分	20分	
集成块的检测	①不能正确选择万用表挡位 ②不能正确欧姆挡调零 ③测量方法不正确 ④不能区分电源、地等管脚 ⑤不能正确判断集成块的好坏 ⑥损坏万用表 ⑦万用表使用完毕不按要求回表	扣5分 每次扣2分 每处扣2分 每处扣5分 扣5分 此项不得分 扣5分	80分	
安全文明生产	违反安全文明生产倒扣10分			

2. 总结与评价

以小组为单位，选择演示文稿、展板、海报、录像等形式中的一种或几种，向全班展示、汇报学习成果，根据表8-30进行总结与评价。

表8-30　项目总结与评价

班级：_____ 小组：_____ 姓名：_____			指导教师：_____ 日期：_____				
评价项目	评价标准	评价依据	评价方式			权重	得分小计
			学生自评 20%	小组互评 30%	教师评价 50%		
职业素养	①遵守企业规章制度、劳动纪律 ②按时按质完成工作任务 ③积极主动承担工作任务，勤学好问 ④人身安全与设备安全	①出勤 ②工作态度 ③劳动纪律 ④团队协作精神				0.6	
创新能力	①在任务完成过程中能提出自己的有一定见解的方案 ②在教学或生产管理上提出建议，具有创新性	①方案的可行性及意义 ②建议的可行性				0.4	
合计							

任务八　压电器件的识别与检测

知识目标

1. 认识常见的压电器件。

2. 了解压电器件的分类与性能参数。

3. 掌握压电器件的测量方法。

能力目标

1. 能够培养学生安全意识、文明生产意识。

2. 能够正确识别与检测压电器件。

素质目标

1. 培养学生查阅资料、自我学习的能力。

2. 培养学生独立思考的能力。

3. 培养学生解决工程问题的能力。

4. 培养学生团队合作能力。

5. 培养学生创新意识与能力。

基础知识

压电器件是一种具有压电特性的单晶体或多晶体。它选用的材料有石英晶体、钛酸钡、钛酸铅、铌酸钡等。常用的压电器件有声表面滤波器、石英晶体振荡器、陶瓷元件等，其外形标志及符号见表8-31。

1. 声表面滤波器

在电视机中，为了实现高频调谐器输出特性转换成中放幅频特性，在图像中放电路的前面加入声表面滤波器。其作用是：对图像中频信号进行限幅，对伴音中频信号进行50dB的衰减，对相邻频道的图像载频和伴音载频进行抑制。

声表面滤波器是一种利用某些晶体的压电效应和声表面波的传输特性进行滤波的新型固体器件。它以压电晶体为基片，在基片上敷上导电膜，并刻出梳齿状电极。由梳状电极构成的梳齿换能器有两个：一个作输入，另一个作输出。当输入换能器的电极上接上交流信号后，由于压电效应，在电极间的压电晶体表面，产生了与外加电信号相同频率的机械振动波，主要沿着基片表面传播，叫做声表面波。当声表面波传到输出换能器时，由于逆压电效应，声波在输出电极上又转换成了交流电信号，由电极两端输出。这样就完成了电-声波传播及声-电的能量转换。

在能量转换过程中，形成的声表面波具有频率选择性，可以对某些频率信号的振幅较大，而对某些频率信号的振幅较小。

声表面滤波器特点：不需调试、选择性好、吸收深、稳定性好，但是它的插入损耗大。

2. 石英晶体振荡器

石英晶体可以用在彩色电视机的遥控器中，以及用在色副载波恢复电路中，此外还广泛用于微控制器集成电路、电脑主板、手机等各个领域。

在晶体的两表面涂敷银层作为电极并引出接线，当对晶片施加交流电压时，石英晶片会产生机械振动。反过来，若对晶片施加周期性的机械力，使它发生振动，则在晶片两极会产生相应的交流电压。这种现象称为石英晶体的压电效应。

当加在石英晶体两极之间的交流电压频率等于晶片的固有频率时，其振动的幅度突然增大，便产生共振，这种现象称为石英晶片产生了压电谐振。可以把石英晶片等效为一个谐振电路。石英晶体做成的振荡电路具有极高的频率稳定度。广泛应用于振荡电路中。用来稳定频率和选择频率，是一种可以取代LC谐振回路的晶体谐振元件。

3. 陶瓷元件

陶瓷元件的种类有滤波器、陷波器、鉴频谐振器。陶瓷滤波器在彩色电视机中主要用来作为6.5MHz的带通滤波器，6.5MHz的陷波器和4.43MHz的陷波器。陶瓷元件具有机电耦合系数大、温度系数小、稳定性好、Q值高、价格低等优点。

表8-31　常见压电器件的外观与图形、文字符号

名称		外观	文字符号	图形符号
声表面滤波器			SAWF	输入 SAWF 输出
石英晶体振荡器			JA	
陶瓷元件	陷波器		XT	
	鉴频器		JT	
	谐振器		ZT	

技能实训

一、实训目标

掌握压电器件的检测技能。

二、实训器具材料

万用表、声表面滤波器、石英晶体、陶瓷元件。

三、实训内容步骤

检测步骤见表8-32。

表8-32　压电器件的检测

压电器件名称	检测操作	图解说明	判断说明
声表面滤波器		用万用表R×10k挡测量其输入端两个电极之间的电阻和输出端两个电极之间的电阻，各个电极与屏蔽电极之间的电阻	测得的电阻应为无穷大。若测得阻值很小，则说明内部已短路，不能再使用
石英晶体			在常规条件下，可用万用表R×1k挡测量石英晶体的两引脚之间的电阻，应呈开路特性
			如果有阻值则说明它已经损坏
陶瓷元件			用万用表R×1k挡分别测量各引脚之间的电阻，即输入引脚与地端引脚、输入引脚与输出引脚、输出引脚与地端引脚之间，均应该是阻值为无穷大，否则说明存在击穿故障
			如果测量中有一组阻值很小，说明存在击穿故障

四、考核与评价

1. 任务考核

任务考核见表8-33。

表8-33 任务考核

项目	评分标准		配分	得分
认识各种压电元件	不能正确认识压电元件	每次扣2分	20分	
压电元件的检测	①不能正确选择万用表挡位　　　扣5分 ②不能正确欧姆挡调零　　　每次扣2分 ③测量方法不正确　　　每处扣2分 ④不能正确判断压电元件的好坏　扣5分 ⑤损坏万用表　　　此项不得分 ⑥万用表使用完毕不按要求回表　扣5分		80分	
安全文明生产	违反安全文明生产倒扣10分			

2. 总结与评价

以小组为单位，选择演示文稿、展板、海报、录像等形式中的一种或几种，向全班展示、汇报学习成果，根据表8-34进行总结与评价。

表8-34 项目总结与评价

班级：_____ 小组：_____ 姓名：_____			指导教师：_____ 日期：_____				
评价 项目	评价标准	评价依据	评价方式			权重	得分 小计
			学生 自评 20%	小组 互评 30%	教师 评价 50%		
职业 素养	①遵守企业规章制度、劳动纪律 ②按时按质完成工作任务 ③积极主动承担工作任务，勤学好问 ④人身安全与设备安全	①出勤 ②工作态度 ③劳动纪律 ④团队协作精神				0.6	
创新 能力	①在任务完成过程中能提出自己的有一定见解的方案 ②在教学或生产管理上提出建议，具有创新性	①方案的可行性及意义 ②建议的可行性				0.4	
合计							

任务九　电声器件与显示器件的识别与检测

知识目标

1. 认识电声器件和显示器件。
2. 了解电声器件和显示器件的分类与性能参数。
3. 掌握电声器件和显示器件的测量方法。

能力目标

1. 能够培养学生安全意识、文明生产意识。
2. 能够正确识别与检测电声器件和显示器件。

素质目标

1. 培养学生查阅资料、自我学习的能力。
2. 培养学生独立思考的能力。
3. 培养学生解决工程问题的能力。
4. 培养学生团队合作能力。
5. 培养学生创新意识与能力。

基础知识

一、电声器件

1. 分类

电声器件是一种电和声相互转换的器件，利用电磁感应或压电效应将电能转换成声能，或将声能转化成电能。如扬声器就是把音频电信号转变为声音信号的电声器件；而传声器则是把声音信号转变为音频电信号的电声器件。除了扬声器和传声器外，像电唱机的拾音器、耳机和蜂鸣器等也属于电声器件。常见电声器件的外观及其特点见表8-35。

表8-35 常见电声器件的外观及其特点

名称	外观图形	特征
动圈式扬声器		是一种低声扬声器，结构简单、低音丰满、音质柔和、频带宽，但效率较低
号筒式扬声器		是一种高声扬声器，它的频率高、音量大，常用于室外及广场扩音
压电陶瓷式扬声器		利用晶体材料的压电效应制成。当晶体材料表面加上音频电压时，晶体能产生相应的振动，利用它来推动纸盆振动发声。如生日卡片上的发声元件。其结构简单、电声效率较高

续表

名称	外观图形	特征
动圈式传声器		结构简单、稳定可靠、具有单方向性、固有噪声小，被广泛用于语言录音和扩音系统中。缺点是灵敏度低、频率范围宽
电容传声器		失真小、音质较好，但结构复杂，成本高，多用于高质量的广播、录音、扩音中
耳机	蓝牙耳机	为一短距离无线传输的通信界面，基本型通信距离约10m、传输率721kbps左右，工作在2.4GHz的频带上，支援一对多资料传输及语音通信

2. 电声器件的型号命名方法

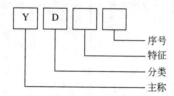

```
Y  D  □  □
            └─ 序号
         └──── 特征
      └─────── 分类
   └────────── 主称
```

第一部分：电声器件型号中的主称，用汉语拼音字母表示，其代表符号的意义见表8-36。

表8-36　电声器件型号第一部分含义

主称	代表符号	主称	代表符号
扬声器	Y	声柱（扬声器）	YZ
传声器	C	号筒式组合扬声器	HZ
耳机	E	耳机传声器组	EC
送话器	O	扬声器系统	YX
受话器	S	复合扬声器	TF
送话器组	N	送受话器（组）	OS
两用换能器	H	通信帽	TM

第二部分：电声器件型号中的分类部分，用汉语拼音字母表示，其代表符号的意义见表8-37。

表8-37 电声器件型号第二部分含义

分类	代表符号	分类	代表符号
电磁式	C	压电式	Y
动圈式（电动式）	D	电容式（静电式）	R
带式	A	驻极体式	Z
等电动式（平膜音圈式）	E	碳粒式	T

第三部分：电声器件中的特征部分，它用来表示辐射形式、形状、结构以及用途等，用汉语拼音字母表示，其代表符号的意义见表8-38。

表8-38 电声器件型号第三部分含义

特征	代表符号	特征	代表符号
号筒式	H	高频	G
椭圆式	T	中频	Z
球顶式	Q	低频	D
接触式	J	立体式	L
气导式	I	抗噪式	K
耳塞式	S	测试用	C
耳挂式	G	飞行用	F
听诊式	Z	坦克用	T
头戴式	D	舰艇用	J
手提式	C	炮兵用	P

第四部分：电声器件中的序号，用阿拉伯数字表示，它按各生产厂规定的企业标准或方法规定执行。凡带有放大器的器件或组件，均在其序号前加注"F"。

二、显示器件

显示器件是指能表现出图形文字信息的设备。常见的显示器件是阴极射线管显示器（CRT），也就是我们平时所说的显像管、数码显示器（LED）、液晶显示器（LCD）、等离子显示器（PDP），其外观及特点见表8-39。

表8-39 常见显示器件的外观及特点

名称	外观图形	特征
阴极射线管显示器（CRT）	显像管	

续表

名称	外观图形	特征
数码显示器 （LED）		把发光二极管制成条状，再按一定的方式连接，组成数字8，就构成了LED数码管。有共阴极、共阳极两种。根据显示位数，可分为一位、双位、多位显示器
液晶显示器 （LCD）		液晶是一种既有液体的流动性，又有光学特性的有机化合物。其透明度随外加电场的不同而不同，因而可以构成字符显示器
等离子显示器 （PDP）		利用惰性气体的放电特性实现大面积、高分辨、高亮度矩阵平板显示的显示器件，它属于主动发光器件

技能实训

一、实训目标

掌握扬声器与显示器件的简单检测技能。

二、实训器具材料

扬声器、LED数码管、万用表等。

三、实训内容步骤

1. 扬声器的识别与检测

①对各类电声器件和显示器件的型号识别。如图8-43所示为扬声器的外观识别。

②用万用表对扬声器、耳机的检测，以判

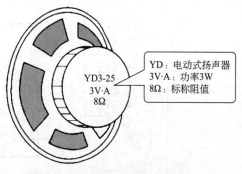

YD：电动式扬声器
3V·A：功率3W
8Ω：标称阻值

YD3-25
3V·A
8Ω

图8-43　电动式扬声器外观、型号识别

断其性能好坏。

万用表选用R×1挡，两表笔断续接触它的两个电极，测得电阻值约为几欧姆，并能听到"喀啦、喀啦"声，则表明电声器件是好的。如果听到的是沙哑声或破壳声，则表明质量有问题，应该更换，如图8-44所示。扬声器的阻值一般是几欧姆到几十欧姆，而耳机阻值分为低阻和高阻。如果测出的阻值为无穷大，则说明扬声器的引出线或音圈断路；如果测出的阻值为零，则说明它的音圈有问题。

2. 数码管的识别与检测

①识别数码管。如图8-45所示是数码管的内部结构。

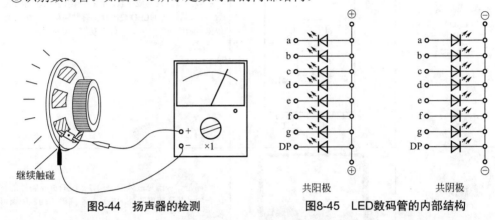

图8-44 扬声器的检测　　　　图8-45 LED数码管的内部结构

②以共阴极数码管为例，对数码管进行简单的测试，检测方法与步骤见表8-40。

表8-40 数码管的简单测试

检测步骤	检测操作	图解说明	判断说明
选挡调零		将万用表拨到R×100挡或R×1k挡	不用R×1挡，因为电流太大，容易损坏管子；不用R×10k挡，电压太高，容易击穿管子
正向电阻测量		红表笔接公共端，黑表笔接另一端	正向电阻小于几千欧姆。若正向电阻大，则说明LED数码管内部断路
反向电阻测量		交换表笔进行测量	反向电阻大于几十千欧姆。若反向电阻很小，则说明LED数码管内部有短路

注：其他各段的测量方法与上面相同。若数码管有一段损坏，会出现缺笔现象，不能使用。

四、考核与评价

1. 任务考核

任务考核见表8-41。

表8-41 任务考核

项目	评分标准		配分	得分
认识各种扬声器和显示器	①不能正确认识扬声器 ②不能正确识别显示器	每次扣2分 每次扣2分	20分	
扬声器和数码管的检测	①不能正确选择万用表挡位 ②不能正确欧姆挡调零 ③测量方法不正确 ④不能正确判断扬声器的好坏 ⑤不能正确判断数码管的好坏 ⑥损坏万用表 ⑦万用表使用完毕不按要求回表	扣5分 每次扣2分 每处扣2分 扣5分 扣5分 此项不得分 扣5分	80分	
安全文明生产	违反安全文明生产倒扣10分			

2. 总结与评价

以小组为单位，选择演示文稿、展板、海报、录像等形式中的一种或几种，向全班展示、汇报学习成果，根据表8-42进行总结与评价。

表8-42 项目总结与评价

班级：_____ 小组：_____ 姓名：_____	指导教师：_____ 日期：_____						
评价 项目	评价标准	评价依据	评价方式			权重	得分 小计
			学生 自评 20%	小组 互评 30%	教师 评价 50%		
职业 素养	①遵守企业规章制度、劳动纪律 ②按时按质完成工作任务 ③积极主动承担工作任务，勤学好问 ④人身安全与设备安全	①出勤 ②工作态度 ③劳动纪律 ④团队协作精神				0.6	
创新 能力	①在任务完成过程中能提出自己的有一定见解的方案 ②在教学或生产管理上提出建议，具有创新性	①方案的可行性及意义 ②建议的可行性				0.4	
合计							

项目九
电子电路的安装与调试

任务一　单相桥式整流电路的安装与调试

知识目标

1. 理解单相桥式整流电路组成。
2. 掌握单相桥式整流电路的工作原理。

能力目标

1. 能够培养学生安全意识、文明生产意识。
2. 能够对单相桥式整流电路的进行安装与调试。

素质目标

1. 培养学生查阅资料、自我学习的能力。
2. 培养学生独立思考的能力。
3. 培养学生解决工程问题的能力。
4. 培养学生团队合作能力。
5. 培养学生创新意识与能力。

基础知识

　　单相桥式整流电路是电力电子技术中最为重要，也是应用得最为广泛的电路，不仅应用于一般工业，也广泛应用于交通运输、电力系统、通信系统等其他领域。因此，应重点学习单相桥式整流电路原理、安装与调试。

1. 单相桥式整流电路

图9-1为单相桥式整流电路。

2. 电路分析

①如图9-1所示，在变压器次级交流电压u_2为正半周时，即A（+）、B（-）时，二极管V_1、V_4导通，V_2、V_3截止。电流流过的路径：从A点出发，经二极管V_1、负载R_L，再经V_4回到B点。

②当u_2为负半周，即A（-）、B（+）时，二极管V_2、V_3导通，V_1、V_4截止。电流的通路是从B点出发，经V_2、负载R_L、V_4回到A点。

可以看出，无论u_2的正、负半周如何变换，流经R_L的电流（I）方向始终不变。四只二极管中对应桥臂上的两只为一组，两组轮流导通。在负载上，即可得到全波脉冲的直流电压和电流，如图9-2所示。全波直流电压平均值$u_0=0.9\,u_2$（u_2为变压器次级电压有效值），而流过的平均电流$I_L=u_0/R_L$。因为这种整流属于全波整流类型。

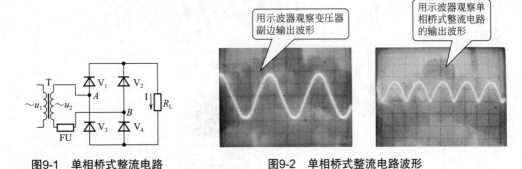

图9-1　单相桥式整流电路　　　　图9-2　单相桥式整流电路波形

技能实训

一、实训目标

掌握单相桥式整流滤波电路主电路的安装与调试技能。

二、实训器具材料

电源变压器、万用表、示波器、焊接工具一套、元器件一套、万能电路板一块，如图9-3所示。

图9-3　单相桥式整流电路所用器材

三、实训内容步骤

①绘制单相桥式整流电路，如图9-1所示。

②准备元器件，见表9-1。

表9-1 单相桥式整流电路元件明细

序号	名称	符 号	实物图	型号规格	数量
1	二极管	V		1N4007	4
2	电阻	R		1kΩ	1
3	变压器	T		220V/12V	1
4	熔断器	FU		0.5A	1

③绘制装配草图，如图9-4所示。

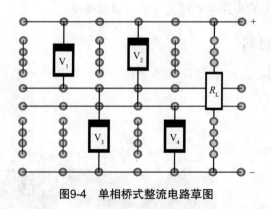

图9-4 单相桥式整流电路草图

④核对元件数量、型号与规格。对照元件明细表进行逐一核对。

⑤元件质量检测。用万用表对元器件逐个检测，对已损坏的元器件及时更换，以免影响整个电路的输出。

⑥元器件预加工。

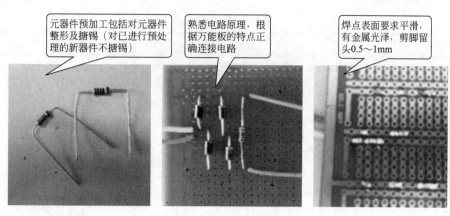

图9-5　万能电路板装配

⑦万能电路板装配如图9-5所示。

a. 合理布局电路元器件。

b. 二极管（注意极性）、电阻均采用卧式安装，要贴紧万能电路板。电阻的色环方向保持一致。

c. 检查安装无误后，进行焊接固定。（焊接时禁止出现虚焊、漏焊、搭焊短接现象）剪脚留头0.5～1mm，且不能损伤焊接面。

⑧检查各元器件的焊接质量，有无虚焊、错焊、漏焊，及各引线是否正确，有无疏漏和短路。

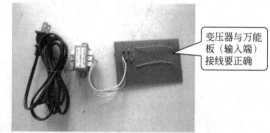

图9-6　单相桥式整流电路接线

⑨安装电源，将变压器次级引入万能线路板上并焊接，变压器的次级交流12V引线端通过密封型保险丝座和电源插头线连接，如图9-6所示。

⑩接通电源，观察有无异常情况，用万用表测量输出、输入电压并进行记录。调试过程中如果出现故障可参考见表9-2进行分析与排除。

⑪安装与调试结束，清点工具及清扫现场。

表9-2　单相桥式整流电路故障现象及处理

故障现象	故障原因
输出电压不稳定	检查电源电压是否波动，输出电压应随输入电压上下波动
输出电压为5V左右	说明整流二极管某个臂脱焊或开路
输出电压为0V	变压器初，次绕组开路，或熔断器熔断，或电源与整流桥未接好
接通电源后，熔丝立即熔断	电源变压器初次级绕组已短路，或初次级装反，或整流桥中二极管一个极性装反，或负载电阻短路.此时应立即切断电源，查明原因

四、考核与评价

1. 任务考核

任务考核见表9-3。

表9-3　任务考核

项目	评分标准		配分	得分
绘制电路图	不能正确绘制电路图	扣10分	10分	
元件选择	①不能正确选择电气元件 ②不能正确检测元件质量	每处扣5分 每处扣5分	20分	
元件装配与焊接	①元件安装前未整形 ②元件安装布局不合理 ③元件焊点不符合工艺要求	每处2分 每处扣2分 每处扣2分	35分	
电路调试	①不会使用仪器仪表 ②电路出现故障未修复 ③不能正确测试关键点	扣5分 扣10分 扣5分	35分	
安全文明生产	违反安全文明生产倒扣10分			

2. 总结与评价

以小组为单位，选择演示文稿、展板、海报、录像等形式中的一种或几种，向全班展示、汇报学习成果，根据表9-4进行总结与评价。

表9-4　项目总结与评价

班级：_____
小组：_____
姓名：_____

指导教师：_____
日期：_____

评价项目	评价标准	评价依据	评价方式			权重	得分小计
			学生自评 20%	小组互评 30%	教师评价 50%		
职业素养	①遵守企业规章制度、劳动纪律 ②按时按质完成工作任务 ③积极主动承担工作任务，勤学好问 ④人身安全与设备安全	①出勤 ②工作态度 ③劳动纪律 ④团队协作精神				0.6	
创新能力	①在任务完成过程中能提出自己的有一定见解的方案 ②在教学或生产管理上提出建议，具有创新性	①方案的可行性及意义 ②建议的可行性				0.4	
合计							

任务二　串联型稳压电源的安装与调试

知识目标

1. 了解串联稳压电源电路组成。

2. 理解串联稳压电源的工作原理。

能力目标

1. 能够培养学生安全意识、文明生产意识。
2. 能够对串联型稳压电源进行安装与调试。

素质目标

1. 培养学生查阅资料、自我学习的能力。
2. 培养学生独立思考的能力。
3. 培养学生解决工程问题的能力。
4. 培养学生团队合作能力。
5. 培养学生创新意识与能力。

基础知识 👆

直流稳压电源一般由变压器、整流器和稳压器三大部分组成。输出电压不仅可以在3～12V的范围内连续可调，还带有限流式电子保护而且具有良好的稳压性能和较高的调整灵敏度，是电子制作中比较实用的电路。

1. 串联型稳压电源电路

图9-7为串联型稳压电源电路。

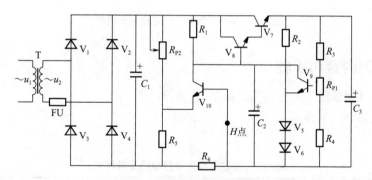

图9-7　串联型稳压电源电路

2. 电路分析

电源变压器将22V/50Hz交流电压转换成12V/50Hz交流电输出，经过二极管 $V_1 \sim V_4$ 将交流电（12V）变换为单方向的脉动电压和电流。滤波电路（C_1）滤除交流分量，从而得到平滑的直流电压。稳压电路主要由四部分构成：调整管、基准稳压电路、比较放大电路、采样电路。其中，V_7、V_8 为复合调整管；R_2、V_5、V_6 为基准稳压电路；V_9 为比较放大管；R_3、R_{P1}、R_4 为取样电路。稳压电路的作用是当输入电压 U_i（受外部影响，如温度）改变时，能自动调节 V_7 的 U_{CE} 电压的大小，使输出电压 U_o 保持恒定。具体调节过程 $U_i \uparrow \rightarrow U_o \uparrow \rightarrow U_{b9} \uparrow \rightarrow I_{c9} \downarrow \rightarrow U_{c9} \downarrow \rightarrow I_{b8} \downarrow \rightarrow U_{b8} \downarrow \rightarrow U_{b7} \downarrow \rightarrow U_{ce7} \uparrow \rightarrow U_o \downarrow$，从而维持 U_o 基本恒定。U_i 下降，分析同理。调节 R_{P1} 使输出电压（U_o）在3～12V的范围内连续可调稳定输出。C_3 的作用是降低稳压电源的

交流内阻和纹波电压。限流式保护电路（由R_{P2}、R_5、R_6、V_{10}、C_2组成），当发生短路或负载变化使输出电流增大，当输出电流大到一定值时，V_{10}将导通，使复合调整管因基极电位降低而趋于截止，限制了输出电流从而保护了电路（电路正常工作时，这部分是不工作的）。

技能实训

一、实训目标

掌握串联型稳压电源电路测试技能。

二、实训器具材料

万用表、电源变压器、串联型稳压电源电路装备器材等，如图9-8所示。

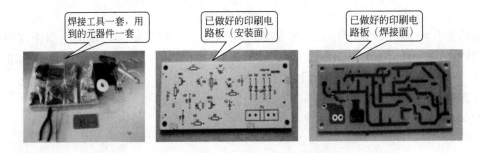

焊接工具一套，用到的元器件一套

已做好的印刷电路板（安装面）

已做好的印刷电路板（焊接面）

图9-8　串联型稳压电源电路装备器材

三、实训内容与步骤

1）绘制串联型稳压电源电路图，如图9-7所示。

2）准备元器件，见表9-5。

表9-5　串联型稳压电源电路元件明细

序号	名称	符号	实物图	型号与规格	数量
1	二极管（V_1~V_4）			1N4007	4
2	稳压二极管（V_5、V_6）			1N4148	2
3	三极管（V_7、V_{10}）			9013	2
4	三极管（V_8、V_9）			9014	2

续表

序号	名称	符号	实物图	型号与规格	数量
5	电阻 R_1			2kΩ	1
6	电阻 R_2			1kΩ	1
7	电阻 R_3	R		300Ω	1
8	电阻 R_4			200Ω	1
9	电阻 R_5			160Ω	1
10	电阻 R_6			3.3Ω	1
11	微调电位器 R_{P1}	R_P		1kΩ	1
12	微调电位器 R_{P2}			10Ω	1
13	电解电容器 C_1			470μF/25V	1
14	电解电容器 C_2	C		47 μF/25V	1
15	电解电容器 C_3			100 μF/25V	1
16	变压器 T	T		220V/12V	1
17	熔断器 FU	FU		0.5A	1

3）核对元件数量、型号与规格。对照元件明细表进行逐一核对。

4）元件质量检测。用万用表对元器件逐个检测，对已损坏的元器件及时更换，以免影响整个电路的输出。

5）元器件预加工，如图9-9所示。

6）在已做好的印制电路板上进行装配、焊接，如图9-10所示。

> 元器件预加工包括对元器件整形及搪锡（对已进行预处理的新器件不搪锡）

图9-9 元器件预加工

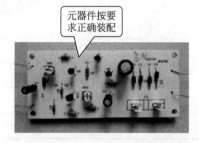

> 元器件按要求正确装配

> 焊接面一共有10个断点，根据电路图把需要连接的地方焊好

图9-10 安装完成的串联型稳压电源电路板

要求如下。

①二极管（注意极性）、电阻均采用卧式安装，要贴紧印制电路板。电阻的色环方向保持一致。

②三极管和电容均采用立式安装并注意极性，安装时尽量插到底，元件底面离印制板最高不大于4mm。微调电位器采用立式安装。

③检查安装无误后，先将断口B、C、D、G、I、K、H各处焊好，再对元器件进行焊接固定。焊接时禁止出现虚焊、漏焊、搭焊短接现象，剪脚留头0.5～1mm，且不能损伤焊接面。

7）电路的调试步骤如图9-11所示。

①安装电源，检查各元器件的焊接质量，有无虚焊、错焊、漏焊，及各引线是否正确，有无疏漏和短路。

②将变压器副边引入印制电路板并焊接，变压器的原边与电源插头线连接。

③接通电源，观察有无异常情况。用万用表测量各端点电压并进行记录填入表9-6中。

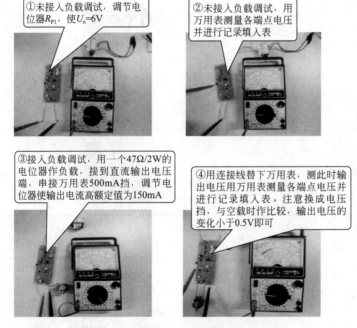

①未接入负载调试，调节电位器R_{P1}，使U_o=6V

②未接入负载调试，用万用表测量各端点电压并进行记录填入表

③接入负载调试，用一个47Ω/2W的电位器作负载，接到直流输出电压端，串接万用表500mA挡，调节电位器使输出电流高额定值为150mA

④用连接线替下万用表，测此时输出电压用万用表测量各端点电压并进行记录填入表。注意换成电压挡，与空载时作比较，输出电压的变化小于0.5V即可

图9-11 串联型稳压电源电路调试步骤

表9-6 串联型稳压电源电路测试记录

测量点	未接入负载时电压值/V			接入负载后电压值/V		
变压器的副边						
C_1的两端						
V_7	$U_e=$	$U_b=$	$U_c=$	$U_e=$	$U_b=$	$U_c=$
V_8	$U_e=$	$U_b=$	$U_c=$	$U_e=$	$U_b=$	$U_c=$
V_9	$U_e=$	$U_b=$	$U_c=$	$U_e=$	$U_b=$	$U_c=$

④检查限流保护电路的保护情况。

a. 把稳压电源先调整好，输出电压调到额定值（将 H 点断开）。

b. 将 H 点焊接好，用万用表电压挡测量 R_5 两端电压，改变微调电位器 R_{P2}，使万用表的读数为0.2V左右，这时电源输出电流将被限制在300mA以内。保护电路动作的电流规定为输出电流的2～3倍。

c. 将万用表DC500mA串入电源负载回路，让电源处于超载状态，如果电流超出额定值，保护电路还不动作，可加大 R_{P2} 电阻值；当输出电流很小时，保护电路就起作用，则减小 R_{P2} 电阻值，使 V_{10} 发射极电位适当高一些。调整时，不能让电源长时间处于超载状态，否则易造成调整管的损坏。

在调试过程中，如出现故障，可参考表9-7进行分析判断、逐步找出问题所在。

表9-7　串联型稳压电源电路故障检修

故障现象	故障原因
电压输出为0V	先检查电源、电源线、熔断器与电路板的连接是否断开。在检查整流滤波电路与后面的电路是否断开。最后在检查复合调整管 U_{ce} 是否开路或截止
出现不稳压的故障时	先检查复合调整管是否饱和或集电极与发射极之间是否短路。在检查比较放大器中 V_9 是否损坏
调整输出电压（3～12V）范围困难	电位器 R_{P2} 中心轴头接触不良或 R_{P2} 已损坏
纹波电压大	电容 C_3 断开

8）安装与调试完毕，清点工具及清扫现场。

四、考核与评价

1. 任务考核

任务考核见表9-8。

表9-8　任务考核

项目	评分标准		配分	得分
绘制电路图	不能正确绘制电路图	扣10分	10分	
元件选择	①不能正确选择电气元件 ②不能正确检测元件质量	每处扣5分 每处扣5分	20分	
元件装配与焊接	①元件安装前未整形 ②元件安装布局不合理 ③元件焊点不符合工艺要求	每处2分 每处扣2分 每处扣2分	35分	
电路调试	①不会使用仪器仪表 ②电路出现故障未修复 ③不能正确测试关键点	扣5分 扣10分 扣5分	35分	
安全文明生产	违反安全文明生产倒扣10分			

2. 总结与评价

以小组为单位，选择演示文稿、展板、海报、录像等形式中的一种或几种，向全班展示、汇报学习成果，根据表9-9进行总结与评价。

表9-9　项目总结与评价

班级：＿＿＿＿＿＿
小组：＿＿＿＿＿＿
姓名：＿＿＿＿＿

指导教师：＿＿＿＿＿＿＿＿＿＿＿＿
日期：＿＿＿＿＿＿＿＿＿＿＿＿＿＿

评价项目	评价标准	评价依据	评价方式			权重	得分小计
			学生自评 20%	小组互评 30%	教师评价 50%		
职业素养	①遵守企业规章制度、劳动纪律 ②按时按质完成工作任务 ③积极主动承担工作任务，勤学好问 ④人身安全与设备安全	①出勤 ②工作态度 ③劳动纪律 ④团队协作精神				0.6	
创新能力	①在任务完成过程中能提出自己的有一定见解的方案 ②在教学或生产管理上提出建议，具有创新性	①方案的可行性及意义 ②建议的可行性				0.4	
合计							

任务三　晶闸管触发电路的安装与调试

知识目标

1. 了解晶闸管。
2. 了解晶闸管触发电路组成。
3. 理解晶闸管触发电路的工作原理。

能力目标

1. 能够培养学生安全意识、文明生产意识。
2. 能够对晶闸管触发电路进行安装与调试。

素质目标

1. 培养学生查阅资料、自我学习的能力。
2. 培养学生独立思考的能力。
3. 培养学生解决工程问题的能力。
4. 培养学生团队合作能力。
5. 培养学生创新意识与能力。

基础知识 👆

晶闸管是一种开关元件，顾名思义，它的名字里面有一个闸字，也就是门、开关的意思，它广泛应用在各种电路以及电子设备中。这里介绍晶闸管的一个典型电路——调光电路，它可使灯泡两端的电压在几十伏至200V范围内变化，调光作用显著。

1. 晶闸管触发电路

图9-12为晶闸管触发电路。

2. 电路分析

晶闸管触发电路的主电路由四个二极管（$V_1 \sim V_4$）构成单相桥式整流电路，其输出的直流电压作为灯泡EL的电源。V_6、R_2、R_3、R_4、R_P、C组成单结晶体管的张弛振荡器，其作用是为V_5的控制极提供触发脉冲电压。接通电源后，由R_P、R_4对C进行充电，C两端电压上升到单结晶体管峰点电压U_p时，单结

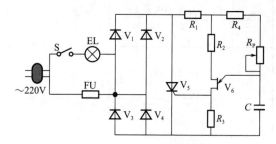

图9-12　晶闸管触发电路

晶体管由截止变为导通，由电容C通过e-b$_1$、R_3放电。放电电流在电阻R_3上产生一组尖顶脉冲电压，由R_3输出一组触发脉冲，起作用的第一个脉冲去触发V_5的控制极，使晶闸管V_5导通，灯泡发光。后面的脉冲对晶闸管的工作没有影响。随着C的放电，当电容两端电压下降至单结晶体管谷点电压U_V时，单结晶体管重新截止；电容C重新充电，重复上述过程，R_5上又输出一组尖顶脉冲电压，这个过程反复进行。调节电位器R_P的大小可改变V_5控制极脉冲电压的相位，即改变V_5控制角的大小，便可以改变输出直流电压的大小，进而改变灯泡EL的亮度。

技能实训 👆

一、实训目标

掌握晶闸管触发电路电路的安装与调试技能。

二、实训器具材料

电源变压器、万用表、晶闸管触发电路电路板套件、示波器、焊接工具一套等，如图9-13所示。

焊接工具一套　　已做好的印制电路板　　已做好的印制电路板（焊接面）

图9-13　晶闸管触发电路所需器材

三、实训内容步骤

①绘制晶闸管触发电路（图9-12）。

②准备元器件（表9-10）。

表9-10　晶闸管触发电路元件明细

序号	名称	符号	实物图	型号与规格	数量
1	二极管（V₁~V₄）			1N4007	4
2	晶闸管（V₅）			3CT041	1
3	单结晶体管（V₆）			BT33	1
4	电阻（R₁）			51kΩ	1
5	电阻（R₂）			300Ω	1
6	电阻（R₃）			100Ω	1
7	电阻（R₄）			18kΩ	1
8	带开关的电位器（R_P）			470kΩ	1
9	涤纶电容（C）			0.022μF/50V	1
10	灯泡（EL）			220V，40W	1
11	灯座			250V，4A，E27	1
12	印制电路板				1
13	导线				若干

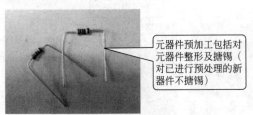

元器件预加工包括对元器件整形及搪锡（对已进行预处理的新器件不搪锡）

图9-14　元器件预加工

③核对元件数量、型号与规格。对照元件明细表进行逐一核对。

④元件质量检测。用万用表对元器件逐个检测，对已损坏的元器件及时更换，以免影响整个电路的输出。

⑤元器件预加工（图9-14）。

⑥装配与焊接（图9-15）。要求如下。

a. 二极管注意极性，电阻均采用卧式安装，贴紧印刷电路板。电阻的色环方向保持一致。

b. 晶闸管、单结晶体管和电容均采用立式安装并注意极性，安装时尽量插到底，元件底面离印刷板最高不大于4mm。带开关的电位器采用立式安装。

c. 检查安装无误后，进行焊接固定。焊接时禁止出现虚焊、漏焊、搭焊、短接现象剪脚留头0.5～1mm，且不能损伤焊接面。

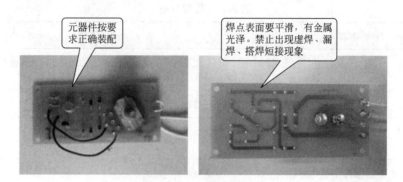

图9-15　安装完成的电路板

⑦电路调试。安装完毕的电路经检查确认无误后，接通电源进行调试。先调控制电路，然后再调试主电路，电路调试过程如图9-16所示。

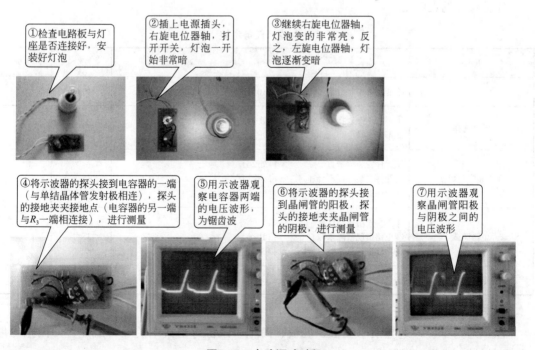

图9-16　电路调试过程

a. 控制电路的调试步骤。在控制电路接上电源后,用示波器观察电容器两端的电压波形,应为锯齿波;最后调节电位器R_p,锯齿波的频率有均匀的变化。

b. 主电路调试步骤。用调压器给主电路加一个AC220V电压,用示波器观察晶闸管阳极与阴极之间的电压波形。波形上有一部分是一条平线,它是晶闸管的导通部分;调节电位器R_p,波形中平线的长度随之变化,表示晶闸管导通角可调,电路工作正常。否则要检查原因,排除故障后,重新调试。待检查无误后,给主电路加工作电压,灯泡EL发光。调节R_p,当增大R_p时,则EL变暗;当减小R_p时,则EL变亮,说明电路工作正常。

在调试过程中如果出现故障可参考表9-11进行分析与判断,逐一查找排除故障。

表9-11　故障分析

故障现象	故障原因
灯泡不亮	检查电源及电源线是否接好,由BT33组成的张弛振荡电路停止振荡、晶闸管装反了等都有可能造成灯泡不亮
灯泡不可调光	可能是BT33或C已损坏
旋转电位器时,灯泡由亮变暗(正确现象是由暗变亮)	电位器中心抽头接错位置
当调节电位器R_p至最小时,灯泡突然熄灭	应适当增大电阻R_4的阻值

⑧安装与调试结束,清点工具,清扫现场。

四、考核与评价

1. 任务考核

任务考核见表9-12。

表9-12　任务考核

项目	评分标准		配分	得分
绘制电路图	不能正确绘制电路图	扣10分	10分	
元件选择	①不能正确选择电气元件 ②不能正确检测元件质量	每处扣5分 每处扣5分	20分	
元件装配与焊接	①元件安装前未整形 ②元件安装布局不合理 ③元件焊点不符合工艺要求	每处2分 每处扣2分 每处扣2分	35分	
电路调试	①不会使用仪器仪表 ②电路出现故障未修复 ③不能正确测试关键点	扣5分 扣10分 扣5分	35分	
安全文明生产	违反安全文明生产倒扣10分			

2. 总结与评价

以小组为单位,选择演示文稿、展板、海报、录像等形式中的一种或几种,向全班展示、汇报学习成果,根据表9-13进行总结与评价。

表9-13　项目总结与评价

班级：	指导教师：
小组：	日期：
姓名：	

| 评价项目 | 评价标准 | 评价依据 | 评价方式 | | | 权重 | 得分小计 |
			学生自评 20%	小组互评 30%	教师评价 50%		
职业素养	①遵守企业规章制度、劳动纪律 ②按时按质完成工作任务 ③积极主动承担工作任务，勤学好问 ④人身安全与设备安全	①出勤 ②工作态度 ③劳动纪律 ④团队协作精神				0.6	
创新能力	①在任务完成过程中能提出自己的有一定见解的方案 ②在教学或生产管理上提出建议，具有创新性	①方案的可行性及意义 ②建议的可行性				0.4	
合计